NAHB-OS[illegible]

# Trenching and Excavation Safety Handbook

# Guía de Seguridad de Zanjas y Excavacion

# NAHB-OSHA Trenching and Excavation Safety Handbook
# Guía de Seguridad de Zanjas y Excavacion


**ROBERT MATUGA** Assistant Staff Vice President, NAHB Labor, Safety & Health
**KEVIN CANNON** Safety Specialist, NAHB Labor, Safety & Health



BuilderBooks, a Service of the National Association of Home Builders
**COURTENAY BROWN** Director, Book Publishing
**TORRIE SINGLETARY** Production Editor
**EDITORIAL INSPIRATIONS, LLC** Copy Editing
**CIRCLE GRAPHICS** Cover Design & Composition
**MIDLAND INFORMATION RESOURCES** Printing

**GERALD M. HOWARD** NAHB Executive Vice President and CEO
**MARK PURSELL** NAHB Senior Staff Vice President, Exhibitions, Marketing & Sales
**LAKISHA CAMPBELL** NAHB Staff Vice President, Publishing & Affinity Programs





Printed in the United States of America

13 12 11 10 09 1 2 3 4 5

**Library of Congress Cataloging-in-Publication Data**

NAHB-OSHA trenching and excavation safety handbook = Guía de seguridad de zanjas y excavacion.
p. cm.
ISBN 978-0-86718-624-6
1. Excavation—Safety measures—Handbooks, manuals, etc. 2. Earthwork—Safety measures—Handbooks, manuals, etc. I. National Association of Home Builders (U.S.) II. United States. Occupational Safety and Health Administration. III. Title: Guía de seguridad de zanjas y excavacion.

TA730.N34 2009
624.1'520289—dc22 2008038915

For further information, please contact:

**BuilderBooks.com**®
**BOOKS THAT BUILD YOUR BUSINESS**

A Service of NAHB® National Association of Home Builders

National Association of Home Builders
1201 15th Street, NW
Washington, DC 20005-2800
800-223-2665
Visit us online at www.BuilderBooks.com

# NAHB-OSHA Trenching and Excavation Safety Handbook

The National Association of Home Builders (NAHB) is a Washington, DC-based trade association representing more than 235,000 members involved in home building, remodeling, multifamily construction, property management, trade contracting, design, housing finance, building product manufacturing, and other aspects of residential and light commercial construction.

NAHB's Labor Safety & Health Services is committed to educating America's builders about the importance of construction safety. Our safety and health resources are designed to help builders control unsafe conditions, operate safe jobsites, comply with OSHA regulations, and reduce their workers' compensation costs.

If you have any questions, regarding the content of this handbook, please contact

Labor, Safety & Health Services
National Association of Home Builders
1201 15th Street, NW
Washington, DC 20005-2800
1-800-368-5242

# Acknowledgments

Special thanks are due to those individuals who assisted in the development of the *NAHB-OSHA Trenching and Excavation Safety Handbook*: Matt Murphy, Safety Environmental Engineering, Inc., Keedysville, Maryland, who wrote the initial draft; NAHB's Construction Safety and Health Committee; and the following members of the Committee's Trenching and Excavation Safety Work Group, who critiqued the manuscript and provided suggestions and details to finalize the manuscript: Bob Masterson, Ryland Homes, Calabasas, California; Jim Carr, Department of Construction Management, University of Arkansas at Little Rock, Little Rock, Arkansas; George Middleton, Toll Brothers, Inc., Horsham, Pennsylvania; and Thomas Trauger, Winchester Homes, Bethesda, Maryland.

The English-Spanish edition of the *NAHB-OSHA Trenching and Excavation Safety Handbook* was prepared under the general direction of NAHB's Assistant Staff Vice President of Labor, Safety & Health Service, Rob Matuga, assisted by Kevin Cannon, Safety Specialist, NAHB Labor, Safety & Services.

Numerous other individuals and companies were integral to the development of this book. NAHB would like to thank the following companies and associations for their generous contributions of time, professional expertise, and access to active jobsites and other resources. Beltsville Construction Supply, Inc., Beltsville, Maryland; Winchester Homes, Bethesda, Maryland (www.winchesterhomes.com); NVR, Inc., Reston, Virginia (www.nvrinc.com); Safety Environmental Engineering, Inc., Keedysville, Maryland, (www.seeinconline.com); Ryland Homes—Washington, DC Division, Fairfax, Virginia (www.ryland.com); Speed Shore, Houston, Texas (www.speedshore.com); ICON Equipment Distributors, East Brunswick, NJ (www.iconjds.com); GME, Union City, MI (www.gme-shields.com); and American Public Works Association (APWA), Washington, DC (www.apwa.net). Spanish translation provided by Trusted Translations, Falls Church, Virginia (www.trustedtranslations.com) and editing provided by NAHB BuilderBooks assisted by April Michelle Davis at Editorial Inspirations, LLC, Montpelier,

Virginia (www.editorialinspirations.com). Photographs taken by Rob Matuga and Kevin Cannon, unless otherwise noted.

Special thanks go to the Occupational Safety and Health Administration (OSHA) Directorate of Construction staff for their professional advice and support on this project and Office of Outreach Services and Alliances for their commitment to help us improve the safety and health of the home building industry workforce. For additional safety information on Excavation and Trenching, go to www.osha.gov.

# Contents

# Contenidos

# Introduction

The NAHB Labor, Safety & Health Services Department developed the *NAHB-OSHA Trenching and Excavation Safety Handbook* to assist the residential construction industry in complying with the U.S. Occupational Safety and Health Administration's (OSHA) safety requirements. An *excavation* is any man-made cut, cavity, trench, or depression in an earth surface that is formed by earth removal (cut), while a *trench* is considered a narrow excavation (in relation to its length) made below the surface of the ground. In general, the depth of a trench is greater than its width, and the width (measured at the bottom) is not greater than 15 ft. (4.6 m). If a form (e.g., house foundation wall forms) or other structure installed or constructed in an excavation reduces the distance between the form and the side of the excavation to 15 ft. (4.6 m) or less (measured at the bottom of the excavation), the excavation is also considered to be a trench.

The main goal of this *Trenching and Excavation Safety Handbook* is to explain in easily understood language what builders, utility contractors, plumbers, and other industry professionals can do to comply with the OSHA excavation standard while focusing on the most common excavation hazards found on the jobsite. The handbook is intended to be used in conjunction with the *Trenching and Excavation Safety Video.*

This handbook identifies safe work practices and related OSHA requirements that have an effect on hazardous trenching and excavation activities in the residential construction industry. Excavation operations are among the most hazardous in residential construction operations. Trenches or excavations often occur during the installation or repair of utility or water and sewer lines, and creating house foundations or basement excavations. This handbook covers the applicable regulatory requirements (*Title 29 Code of Federal Regulations, Part 1926, Subpart P*) and the necessary procedures for safe excavation in various types of soils and conditions, and will guide you through the use of safe work practices to protect

# Introducción

El Departamento de Trabajo, Seguridad y Salud de NAHB desarrolló el *Manual de seguridad para zanjas y excavaciones NAHB-OSHA* para ayudar a la industria de la construcción residencial a cumplir con los requisitos de seguridad de la Administración de Salud y Seguridad Ocupacionales de los Estados Unidos (OSHA, por sus siglas en inglés). Una *excavación* es un corte, una cavidad, zanja o depresión realizada por el hombre en una superficie terrestre, mediante la remoción de tierra (corte), mientras que una *zanja* es una excavación estrecha (en relación a su largo) realizada debajo de la superficie terrestre. En general, una zanja tiene más profundidad que ancho, y el ancho (medido en la parte inferior) no suele superar los 15 pies (4,6 m). Si una forma (por ej., formas de la pared de cimentación de una casa) u otra estructura instalada o construida en una excavación reduce la distancia entre la forma y el lado de la excavación a 15 pies (4,6 m) o menos (medida en la parte inferior de la excavación), la excavación será considerada una zanja.

El principal objetivo de este *Manual de seguridad para zanjas y excavaciones* es explicar con un lenguaje de fácil comprensión lo que pueden hacer los constructores, contratistas de servicios públicos, plomeros y otros profesionales de la industria para cumplir con las normas de excavación de OSHA y a la vez describir los peligros más comunes que pueden encontrarse en el lugar de trabajo al realizar una excavación. Se recomienda el uso de este manual en conjunto con el *Video de seguridad para zanjas y excavaciones*.

Este manual identifica las prácticas de trabajo seguras y los requisitos relacionados de OSHA vinculados con las actividades peligrosas de realización de zanjas y excavaciones en la industria de la construcción residencial. Las operaciones de excavación se encuentran dentro de las actividades más peligrosas en la construcción residencial. Las zanjas o excavaciones suelen realizarse durante la instalación o reparación de servicios públicos o conductos de agua y drenaje y para la construcción de los cimientos de una casa o la excavación de sótanos. Este manual comprende los requisitos legales aplicables (*Título 29 del Código de*

employees working in open trenches or excavations. The trenching and excavation handbook covers the following topics:

- trenching and excavation hazards
- competent-person responsibilities
- soil type and testing
- protective systems and usage
- house foundations/basement excavations
- employee training
- hazardous atmospheres
- entry and egress into trenches and excavations
- inspections

The information presented in this handbook does not exempt employers from compliance with the excavation requirements contained in the OSHA regulations or state or local safety laws and regulations. The *Trenching and Excavation Safety Handbook* does not replace any requirements detailed in the actual OSHA regulations for construction (*29 CFR 1926*). If any inconsistency exists between the handbook and the OSHA regulations, the OSHA regulations (*29 CFR 1926*) prevail. You should use the *Trenching and Excavation Safety Handbook* only as a general guide to excavation safety practices and a companion to the actual regulations. This handbook should never be considered a substitute for any provisions of a regulation. Additionally, many states operate their own occupational safety and health plans. These states may have adopted construction standards that are different from information presented in the *Trenching and Excavation Safety Handbook*. If you live in a state with an approved occupational safety and health plan, contact your local OSHA office for further information on the standards applicable in your state.

The *Trenching and Excavation Safety Handbook* includes four chapters, each of which explains and illustrates the trenching and excavation safety requirements in both English and Spanish. The *Trenching and Excavation Safety Video* contains segments in both English and Spanish. It is available from www.BuilderBooks.com.

*Regulaciones Federales, Parte 1926, Inciso P*) y los procedimientos necesarios para la excavación segura en diversos tipos de suelos y condiciones y le brindará una guía para implementar estas prácticas de seguridad en el trabajo con el fin de proteger a los empleados que trabajen en la apertura de zanjas o excavaciones. El manual incluye los siguientes temas:

- peligros de la apertura de zanjas y excavaciones
- responsabilidades de la persona competente
- tipo de suelo y análisis de suelo
- uso de los sistemas de protección
- excavación de cimientos/ sótanos de la casa
- capacitación del empleado
- atmósferas peligrosas
- entrada y salida de las zanjas y excavaciones
- inspecciones

La información presentada en este manual no libera a los empleados del cumplimiento de los requisitos de excavación contenidos en las normas de OSHA o en las leyes y regulaciones de seguridad estatales o locales. El *Manual de seguridad para zanjas y excavaciones* no reemplaza los requisitos de las normas de la OSHA vigentes para la construcción (*29 CFR 1926*). En el caso de que se produzca una contradicción entre el manual y las normas OSHA, prevalecerán éstas últimas (*29 CFR 1926*). Debe utilizar el *Manual de seguridad para zanjas y excavaciones* solamente como una guía general para las prácticas de seguridad de excavación, en forma complementaria con las regulaciones vigentes. Este manual no reemplaza ninguna disposición de las regulaciones vigentes. Asimismo, muchos estados cuentan con sus propios planes de seguridad y salud ocupacionales. Es posible que estos estados hayan adoptado normas de construcción que difieran de la información presentada en este *Manual de seguridad para zanjas y excavaciones*. Si vive en un estado que tenga un plan de seguridad y salud ocupacionales aprobado, contáctese con su oficina local de la OSHA para obtener más información sobre las normas aplicables en su estado.

El *Manual de seguridad para zanjas y excavaciones* se compone de cuatro capítulos, cada uno de los cuales explica e ilustra los requisitos de seguridad para la apertura de zanjas y excavaciones, en inglés y en español. El *Video de seguridad para zanjas y excavaciones* contiene segmentos en inglés y en español. Está disponible en www.BuilderBooks.com.

# Trenching and Excavation Safety Handbook

# Guía de Seguridad de Zanjas y Excavacion

# 1 Overview of Trenching and Excavations

Being caught in a trench or excavation cave-in is one of the leading causes of fatal injuries in the construction industry. A *cave-in* is a separation of a mass of soil or rock from the side of an excavation. According to the U.S. Department of Labor's Bureau of Labor Statistics Census of Fatal Occupational Injuries, there were 44 fatalities due to excavation or trenching cave-ins occurring in the residential construction industry between 2003 and 2006. Most accidents occur in trenches between 5 ft. (1.5 m) and 15 ft. (4.6 m) deep, and contrary to popular belief, there is usually no warning before a cave-in.

OSHA has established rules and regulations that are intended to prevent trench or excavation cave-ins on construction sites. "Subpart P, Excavations" (1926.650) of *OSHA 29 CFR 1926 Construction Industry Regulations* requires all employees working in excavations over 5 ft. (1.5 m) deep to be protected by

- sloping the soil back at an angle
- benching or stepping the soil back
- providing a shoring system, such as a trench box

For excavations less than 5 ft. (1.5 m) deep, these must also be protected with shoring, trench boxes, or the sloping of the earth if the competent person determines that a cave-in is a possibility. Note that in some states, employees in a trench or excavation 4 ft. (1.2 m) or more in depth must be protected from cave-ins by an adequate protective system. Contact your local administrator for further information on the standards applicable in your state.

## Common Hazards

Some of the most common hazards that result in workers being injured during trenching and excavation work include the following.

# 1 Generalidades sobre zanjas y excavaciones

Una de las causas de accidentes fatales en la industria de la construcción se produce cuando un empleado queda atrapado en el derrumbe de una zanja o excavación. Un *derrumbe* es la separación de una masa de suelo o roca de un lado de una excavación. Según el Censo de Lesiones Ocupacionales Fatales de la Oficina de Estadísticas Laborales del Departamento del Trabajo de los Estados Unidos, entre 2003 y 2006 se produjeron 44 accidentes fatales debidos al derrumbe de excavaciones o zanjas en la industria de la construcción residencial. La mayor parte de los accidentes se producen en zanjas de entre 5 pies (1,5 m) y 15 pies (4,6 m) de profundidad y, al contrario de la creencia popular, un derrumbe no suele dar señales.

OSHA ha establecido reglas y regulaciones con el objetivo de prevenir el derrumbe de zanjas o excavaciones en las construcciones. El "Inciso P, Excavaciones" (1926.650) de las *Regulaciones para la Industria de la Construcción OSHA 29 CFR 1926* requiere que todos los empleados que trabajen en excavaciones de más de 5 pies (1,5 m) de profundidad estén protegidos mediante:

- la pendiente del suelo hacia un ángulo
- la realización de bancos o el escalonamiento del suelo
- un sistema de apuntalamiento, como una caja de trinchera

Las excavaciones de menos de 5 pies (1,5 m) de profundidad, también deben ser protegidas mediante apuntalamiento, cajas de trinchera o la pendiente del suelo, si la persona competente establece la posibilidad de que se produzca un derrumbe. Tenga en cuenta que algunos estados requieren que los empleados que trabajen en una zanja o excavación de 4 pies (1,2 m) o más de profundidad estén protegidos contra derrumbes mediante un sistema de protección adecuado. Contáctese con su administrador local para obtener más información sobre las normas aplicables en su estado.

## Peligros comunes

Algunos de los peligros más comunes que provocan lesiones en los trabajadores durante la apertura de una zanja o excavación incluyen:

## Cave-ins

The greatest hazard and most dangerous is a cave-in. A cave-in occurs when the side wall (i.e., soil) of the excavations separates and falls into the excavation. Cave-ins occur very quickly (one to three seconds), and there is generally no time for a worker to respond and run to safety.

## Hazardous atmospheres

These hazards can also be deadly and occur in excavations when oxygen is displaced or hazardous materials, such as hydrogen sulfide, methane, and carbon monoxide, enter into the trench.

## Falling materials or objects

Materials or objects can fall into excavations and cause serious injuries if they strike a worker in the excavation. Spoil materials (i.e., dirt removed from the excavation), tools, pipes, equipment, and other objects that can fall or be knocked into an excavation must be kept a minimum of 2 ft. (61 cm) from the edge of the excavation.

## Water accumulation

Water that accumulates in excavations can weaken excavation walls, which leads to unstable walls and cave-ins or presents a drowning hazard to workers. Water must be diverted away or controlled by pumps or other methods that are monitored by somebody who is competent in the proper use of the equipment.

## Damaged underground utilities

Damaged underground utilities can expose workers to hazardous or explosive atmospheres, electrocution, or drowning. Prior to digging, excavators are required to contact the local "Dig Safe" or "One Call" system or utility owner to arrange to have all utilities in the area marked prior to digging. It is the excavator's responsibility to locate all underground utilities prior to digging with mechanized equipment.

## Derrumbes

El mayor peligro y el más riesgoso es el derrumbe. Un derrumbe se produce cuando la pared lateral (es decir, tierra) de una excavación se separa y cae dentro de la excavación. Los derrumbes se producen muy rápidamente (entre uno y tres segundos), y generalmente no le dan tiempo al trabajador para reaccionar y correr hacia un lugar seguro.

## Atmósferas peligrosas

Estos peligros también pueden ser fatales. Pueden producirse durante una excavación, cuando hay falta de oxígeno o cuando materiales peligrosos, como el sulfuro de hidrógeno, el metano y el monóxido de carbono, ingresan en la zanja.

## Caída de materiales u objetos

Los materiales u objetos que se caen dentro de las excavaciones pueden provocar lesiones graves si golpean a un trabajador en una excavación. Los escombros (es decir, tierra removida de la excavación), herramientas, caños, equipos y otros objetos que pueden caerse o golpear las paredes de una excavación deben mantenerse una distancia mínima de 2 pies (61 cm) del borde de la excavación.

## Acumulación de agua

El agua que se acumula en las excavaciones puede debilitar sus paredes, provocando inestabilidad de éstas y derrumbes o presentando un riesgo de ahogamiento para los trabajadores. El agua debe ser desviada o controlada mediante bombas u otros métodos que deben ser supervisados por una persona competente en el uso adecuado del equipo.

## Daños en los conductos subterráneos

Los conductos subterráneos dañados pueden exponer a los trabajadores a atmósferas peligrosas, con riesgo de explosión, electrocución o ahogamiento. Antes de cavar, los excavadores deben contactarse con el sistema local "Dig Safe" o "One Call" o con el proveedor del servicio público para que todos los conductos de servicios públicos en el área sean marcados antes de realizar la excavación. El excavador tiene la obligación de localizar todos los conductos subterráneos de servicios públicos antes de cavar con un equipo mecánico.

### Examples of Excavation Fatalities

- A worker was in a trench 4 ft. (1.2 m) wide and 7 ft. (2.1 m) deep. About 30 ft. (9.1 m) away, a backhoe was straddling the trench. When the backhoe operator noticed a large chunk of dirt falling from the side wall behind the worker in the trench, he called out a warning. Before the worker could climb out, 6 ft. (1.8 m) to 8 ft. (2.4 m) of the trench wall had collapsed on him and covered his body up to his neck. He suffocated before the backhoe operator could dig him out. There were no exit ladders. No protective system had been used in the trench.
- A plumber was laying plastic drain pipe at the bottom of a vertical trench, 7 ft. (2.3 m) deep and 2 ft. (76 cm) wide, in loose sandy soil. There was no protective system in the trench—it was not protected by sloping, benching, shoring, or a trench box and there were no ladders to enter or exit the trench. While the employee was leveling rock in the bottom of the trench preparing to lay more pipe, the side of the trench gave way. The worker died during rescue operations. A second worker on the lip of the cave-in escaped injury.
- A pipe layer died after being struck by the bucket teeth of an excavator (track hoe). The worker and a crew of four others were installing concrete drain pipe alongside a public roadway. The excavator operator was reportedly in the process of extending the trench for the accommodation of another 8-ft. (2.4-m) section of the pipe. When making the cut, the bucket teeth struck the victim at the right-side chest and neck area, causing nearly immediate fatal injuries.

## Training and Hazard Identification

OSHA requires an employer to train its workers on working in and around trenches and excavations. Training is an important step in preventing work-related fatalities and injuries. Workers in residential construction must be capable of identifying hazards associated with trenching and excavation operations in their workplace and must take appropriate action to protect themselves. This training should go over the hazards associated with trenching and excavation, the role of a competent person, one-call requirements, soil types, inspection requirements, protective systems, and common safe work practices. Workers should be taught to use the safe work practices that prevent accidents. Common hazards that may exist include no protective system in place to keep the soil from caving in, unsafe spoil

## Ejemplos de accidentes fatales en una excavación

- Un trabajador estaba en una zanja de 4 pies (1,2 m) de ancho y 7 pies (2,1 m) de profundidad. A unos 30 pies (9,1 m) de distancia, una retroexcavadora estaba trabajando en la zanja. Cuando el operador de la retroexcavadora observó que un gran fragmento de tierra de una pared lateral se estaba cayendo sobre el trabajador que estaba en la zanja, trató de advertirle. Antes de que el trabajador pudiera trepar para salir de la zanja, entre 6 pies (1,8 m) y 8 pies (2,4 m) de la pared de la zanja se derrumbaron y cayeron encima, cubriendo su cuerpo hasta el cuello. El trabajador murió sofocado antes de que el operador de la retroexcavadora pudiera desenterrarlo. No había escaleras de salida. No se había utilizado ningún sistema de protección en la zanja.
- Un plomero estaba colocando una cañería plástica de drenaje en el fondo de una zanja vertical, de 7 pies (2,3 m) de profundidad y 2 pies (76 cm) de ancho, en un suelo arenoso y poco firme. La zanja no contaba con ningún sistema de protección: no estaba protegida mediante pendiente, bancos, apuntalamiento, o una caja de trinchera, y no había ninguna escalera para entrar y salir de la zanja. Mientras el empleado estaba colocando rocas en la superficie de la zanja, preparando el suelo para colocar más cañerías, la pared de la zanja cedió. El trabajador falleció durante las operaciones de rescate. Un segundo trabajador, al borde del derrumbe, pudo escapar.
- Un colocador de caños falleció luego de quedar atascado en el cucharón de una excavadora (camión de excavación). El trabajador y cuatro personas más estaban instalando cañerías de drenaje de concreto a lo largo de una carretera pública. Se informó que el operador de la excavadora estaba ampliando la zanja para colocar otra pieza de cañería de 8 pies (2,4 m). Mientras realizaba el corte, el cucharón golpeó a la víctima en el costado derecho del pecho y en el área del cuello, provocándole la muerte de manera casi inmediata.

# Capacitación y detección de peligros

OSHA requiere que el empleador capacite a los trabajadores que trabajen dentro o en cercanías de zanjas y excavaciones. La capacitación es un factor importante para prevenir muertes y lesiones laborales. Los trabajadores en la industria de la construcción residencial deben ser capaces de identificar los peligros asociados con la apertura de zanjas y excavaciones en su lugar de trabajo y deben tomar medidas de protección adecuadas. Esta capacitación debe comprender los peligros asociados con la apertura de zanjas y excavaciones, el rol de una persona competente, los requisitos de "one call", los tipos de suelo, los requisitos de inspección, los sistemas de protección y prácticas comunes de seguridad laboral. Los trabajadores deben recibir capacitación para imple-

pile placement, unsafe access to trench or excavation, or being struck by equipment while in the trench or excavation. The worker's ability to identify the hazard is a critical component in the prevention of accidents. All workers are to be provided instructions on the proper use of safety equipment before they begin work. Before allowing workers into trenches or excavations, workers must be trained and understand the OSHA requirements.

Training can be conducted in many ways. Formal training meetings are an excellent method for improving the safety knowledge of your workforce. In addition, regular safety discussions (e.g., toolbox talks) help maintain a level of safety awareness on jobsites. Many employers insist on weekly toolbox talks with their employees. OSHA requires documentation for any type of safety training. Documentation should include date, name of instructor, topic, and signatures of attendees. Issuance of a training certificate or training card by the employer, or the individual conducting the training, is another step in documentation. A training certificate or training card is an excellent means of providing on-the-spot documentation of training.

## Competent Person

The employer must train and designate a *competent person* to be in charge of the safety of workers in a trench or excavation. The competent person has many legal responsibilities and a thorough review of OSHA's requirements (*29 CFR 1926.650, Subpart P*) should be completed before allowing workers to enter a trench or excavation. A competent person who is knowledgeable about excavation hazards and who has the authority to fix those hazards must be designated by the employer and must be on site during excavation activities. This person is responsible for conducting soil analysis, inspections, and the selection of the proper protective system. The competent person plays a critical role in protecting the health and safety of everyone who will be working in or around the trench. The designated competent person should have the following:

- training, experience, and knowledge of
  - soil analysis
  - use of protective systems
  - the requirements of *OSHA Subpart P* (1926.650)

mentar las prácticas de seguridad en el trabajo con el fin de prevenir accidentes. Los peligros comunes que pueden producirse incluyen la falta de un sistema de protección para que el suelo no se derrumbe, la colocación de la pila de escombros en un lugar que no es seguro, una entrada insegura a la zanja o excavación, o el atascamiento de un equipo dentro de la zanja o excavación. La habilidad del trabajador para identificar el peligro es un componente esencial en la prevención de accidentes. Todos los trabajadores deben recibir instrucciones sobre el uso adecuado del equipo de seguridad antes de comenzar a trabajar. Antes de permitir que comience sus tareas en una zanja o excavación, el trabajador debe recibir capacitación y comprender los requisitos de OSHA.

La capacitación puede realizarse de diversas maneras. Las reuniones de capacitación formales son un excelente método para mejorar los conocimientos de seguridad de su personal. Además, la conversación regular sobre temas de seguridad (por ej., charlas prácticas sobre seguridad) ayudan a mantener un nivel de conciencia sobre la seguridad en el lugar de trabajo. Muchos empleadores mantienen con sus empleados charlas semanales sobre seguridad. OSHA requiere documentación de cualquier tipo de capacitación sobre seguridad: la fecha, el nombre del instructor, el tema y la firma de los participantes. La emisión de un certificado o una credencial de capacitación por parte del empleador o del instructor que dictó el curso de capacitación es otra forma de documentación. La entrega de un certificado o credencial de capacitación es una excelente forma de tener documentación de capacitación en el lugar.

## Persona competente

El empleador debe capacitar y designar a una *persona competente* para que sea la encargada de la seguridad de los trabajadores en una zanja o excavación. La persona competente tiene muchas responsabilidades legales. Antes de permitir que un trabajador ingrese a una zanja o excavación, debe realizarse una revisión exhaustiva de los requisitos OSHA (*29 CFR 1926.650, Subparte P*). El empleador debe designar a una persona competente con un amplio conocimiento de los peligros de excavación y con autoridad para establecer dichos peligros; la persona competente debe estar presente durante las actividades de excavación. Debe realizar los análisis de suelo, las inspecciones y seleccionar el sistema de protección adecuado. Tiene un papel muy importante en la protección de la salud y la seguridad de todos los que trabajarán en la zanja o cerca de la misma. La persona competente designada debe tener las siguientes características:

- capacitación, experiencia y conocimientos sobre:
  - análisis del suelo
  - implementación de sistemas de protección
  - los requisitos de *OSHA Subparte P* (1926.650)

- the ability to detect
  - conditions that could result in cave-ins
  - failures in protective systems
  - hazardous atmospheres
  - other hazards including those related to confined spaces
- authority to take prompt corrective measures to eliminate existing and predictable hazards and to stop work when required

A competent person must also make regular inspections of trenches and excavations, including the areas around them and the protective systems. These inspections must occur before the work starts each day or each shift; after rainstorms, snowstorms, freeze/thaw, high winds, excessive vibration, or other hazard occurrences that may cause a potential cave-in; or when the competent person can reasonably anticipate an employee will be exposed to hazards. It is not normally necessary for a competent person to be at a jobsite at all times. However, it is the responsibility of a competent person to ensure compliance with applicable regulations and to make those inspections necessary to identify situations that could result in cave-ins, indications of failure of protective systems, hazardous atmospheres, or other hazardous conditions, and then to ensure that corrective measures are taken.

## Site Evaluation Planning

Planning is an important aspect for conducting trenching and excavation operations safely. Before beginning any excavation, employers should

- evaluate soil conditions
- locate underground utilities
- determine proximity to structures that could affect choice of protective systems
- choose the proper protective systems and construct them in accordance with OSHA requirements and manufacturer's instructions
- test for oxygen levels and other hazardous fumes and toxic gases if present or have the potential to develop during work in excavations
- inspect trenches and excavations, areas around them, and protective systems on a regular basis
- provide safe means for getting in and out of the excavation
- set spoil back at least 2 ft. (61 cm)
- plan for traffic control, if necessary

- la habilidad para detectar
  - condiciones que podrían provocar derrumbes
  - fallas en los sistemas de protección
  - atmósferas peligrosas
  - otros peligros, incluso aquellos relacionados con espacios cerrados
- autoridad para tomar medidas correctivas inmediatas con el fin de eliminar los peligros existentes y previsibles y para suspender el trabajo cuando sea necesario

Una persona competente también debe realizar inspecciones regulares de las zanjas y excavaciones, incluyendo las áreas circundantes y los sistemas de protección. Estas inspecciones deben realizarse antes de comenzar a trabajar diariamente o antes de cada turno; después de una tormenta, tormenta de nieve, helada/deshielo, fuertes vientos, vibración excesiva u otros eventos peligrosos que podrían ocasionar un derrumbe; o cuando la persona competente pueda anticipar razonablemente que un empleado estará expuesto a peligros. Generalmente, no es necesario que la persona competente esté presente en el lugar de trabajo en todo momento. Sin embargo, debe verificar el cumplimiento de todas las regulaciones aplicables y realizar las inspecciones que sean necesarias para detectar situaciones que podrían resultar en derrumbes, señales de falla de los sistemas de protección, atmósferas peligrosas u otras condiciones peligrosas y luego asegurar que se implementen medidas correctivas.

## Planificación de evaluación del lugar

La planificación es un aspecto importante para que las operaciones de apertura de zanjas y excavaciones se realicen de manera segura. Antes de comenzar una excavación, los empleadores deben:

- evaluar las condiciones del suelo
- localizar los conductos subterráneos de servicios públicos
- determinar la proximidad de estructuras que podrían afectar la elección de los sistemas de protección
- elegir los sistemas de protección adecuados y montarlos de acuerdo con los requisitos de OSHA e instrucciones del fabricante
- realizar pruebas para detectar la presencia de oxígeno y otros gases tóxicos y peligrosos o la posibilidad de que se desarrolle un peligro relacionado durante los trabajos de excavación
- inspeccionar las zanjas y excavaciones, las áreas circundantes y los sistemas de protección en forma regular
- brindar medios seguros para entrar y salir de la excavación
- mantener los escombros a por lo menos 2 pies (61 cm) de distancia
- planificar el control de tráfico, si es necesario

# 2 Soil Classification and Mechanics

What is soil? Soils can be made up of sand, gravel, clay, silt, and other organic matter. Before soil is excavated, the competent person must classify the soil to determine which protective system or method is going to be used to ensure the safety of workers inside a trench or excavation. The competent person in charge of the excavation is responsible for determining whether the soil is Stable Rock, Type A, Type B, or Type C. The competent person will use a visual test coupled with one or more manual tests to determine soil type.

## Soil Classification System

The soil classification system is a method of categorizing soil and rock deposits in decreasing order of stability. These categories range from the most stable to the least stable (Stable Rock, Type A, Type B, Type C) and are based on an analysis of the properties, performance characteristics of the deposits, and characteristics of the deposits and the environmental conditions of exposure.

Type A, Type B, and Type C soils are classified based on their unconfined compressive strengths. This is the load per unit area at which soil will fail in compression. These measurements can be best determined by laboratory testing, but can also be tested by a thumb penetration test or by other methods discussed later in the handbook. There are four types of soils defined in the OSHA standard:

### Stable rock

A natural solid mineral matter that can be excavated with vertical sides and remain intact while exposed.

### Type A

This soil is cohesive soil with an unconfined compressive strength of 1.5 ton per square foot (tsf) or greater. Examples of cohesive soils are clay, silty

# 2 Clasificación del suelo y mecánica

¿Qué es el suelo? Los suelos pueden estar hechos de arena, gravilla, arcilla, cieno y otros tipos de materia orgánica. Antes de excavar el suelo, la persona competente debe clasificar el suelo para determinar el sistema de protección o método que será utilizado a fin de garantizar la seguridad de los trabajadores dentro de una zanja o excavación. La persona competente a cargo de la excavación debe determinar si el suelo es de roca estable, tipo A, B o C. La persona competente utilizará un análisis visual junto con uno o más análisis manuales para determinar el tipo de suelo.

## Sistema de clasificación del suelo

El sistema de clasificación es un método de categorización del suelo y de los depósitos de rocas por orden decreciente de estabilidad. Estas categorías van desde la más estable hasta la menos estable (roca estable tipo A, B o C) y se basan en un análisis de las propiedades, las características de rendimiento de los depósitos, las características de los depósitos y las condiciones ambientales de exposición.

Los suelos tipo A, B y C se clasifican en base a su resistencia a la compresión no confinada. Esto es la carga por área de unidad a la cual el suelo caerá en compresión. Estas mediciones pueden determinarse mejor mediante análisis de laboratorio, pero también pueden medirse por prueba de penetración del pulgar u otros métodos que se describen más adelante en este manual. La norma OSHA menciona cuatro tipos de suelo:

### Roca estable

Un mineral sólido natural que puede ser excavado en forma vertical y permanecer intacto a la exposición.

### Tipo A

Este suelo es cohesivo, con una resistencia a la compresión no confinada de 1,5 toneladas por pie cuadrado (tpc) o más. Ejemplos de suelos cohesivos son la arcilla, la arcilla

clay, sandy clay, clay loam, and, in some cases, silty clay loam and sandy clay loam. Cemented soils such as caliche and hardpan are also considered Type A. However, soil cannot be classified as Type A if

- the soil is fissured
- the soil is subject to vibration from heavy traffic, pile driving, trucks/backhoes, or similar effects
- the soil has been previously disturbed
- the soil is part of a sloped, layered system where the layers dip into the excavation on a slope of 4:1 horizontal to vertical or greater
- the material is subject to other factors that would require it to be classified as a less stable material

### Type B

This soil is cohesive soil with an unconfined compressive strength greater than 0.5 tsf but less than 1.5 tsf. Granular cohesion-less soil including angular gravel, silt, silt loam, and, in some cases, silty clay loam and sandy clay loam are Type B soils. Type B soil can also be soil that meets the characteristics of Type A soil but is fissured, is subject to vibrations, or has been previously disturbed.

### Type C

This soil is cohesive soil with an unconfined compressive strength of 0.5 tsf or less, or granular soil including gravel, sand, loamy sand, submerged soil, or soil that has freely seeping water. Type C soil also includes submerged rock that is not stable. **Most residential construction (i.e. home building) excavations will usually be Type C soil.**

## Layered Soils

Soils that are configured in layers require the soil to be classified based on the weakest soil layer found during soil classification by the competent person. The competent person has the option of classifying the layers individually, if a more stable layer exists below a weaker layer (i.e., where Type C soil is found above stable rock).

limosa, la arcilla arenosa, la arcilla margosa y, en algunos casos, suelos franco arcillosos y franco arcillosos arenosos. Los suelos cementados, como el caliche y el suelo de capa dura también son considerados de tipo A. Sin embargo, el suelo no se puede clasificar como tipo A si:

- tiene fisuras
- está sujeto a vibraciones por tráfico pesado, hincamiento de pilotes, camiones/ retroexcavadoras o efectos similares
- ha sido previamente removido
- es parte de un sistema en pendiente, escalonado, en el cual los estratos se hunden en la excavación en una pendiente de 4:1 horizontal a vertical o superior
- el material está sujeto a otros factores que harían necesario clasificarlo como un material menos estable

### Tipo B

Este suelo es cohesivo con una resistencia a la compresión no confinada superior a 0,5 tpc pero inferior a 1,5 tpc. Este suelo granular de menor cohesión incluye la gravilla angular, el cieno, la arcilla limosa y, en algunos casos, suelos franco arcillosos y franco arcillosos arenosos. El suelo tipo B también puede ser uno que tiene las características de un suelo tipo A pero que está fisurado, sujeto a vibraciones o ha sido removido previamente.

### Tipo C

Este es un suelo cohesivo, con una resistencia a la compresión no confinada de 0,5 tpc o menos, o un suelo granular, que incluye la gravilla, la arena, la arena limosa, el suelo sumergido o el suelo que tiene filtraciones de agua. El suelo tipo C también incluye la roca sumergida que no es estable. **La mayor parte de las excavaciones de construcciones residenciales (por ej. construcción de casas) suelen ser en suelos de tipo C.**

## Suelos estratificados

Son suelos que se componen de estratos que la persona competente realice una clasificación del suelo en base al estrato más débil encontrado durante su clasificación. La persona competente tiene la opción de clasificar los estratos en forma individual, si hay uno más estable debajo de uno más débil (por ej., cuando se encuentra un suelo tipo C arriba de un suelo de roca estable).

**Table 2.1 Soil classifications.**

| Soil Type | Soil Characteristics |
|---|---|
| Stable Rock | Natural solid mineral matter |
| Type A | Clay, silty clay, sandy clay, clay loam, and, in some cases, silty clay loam and sandy clay loam |
| Type B | Granular cohesion-less soils including angular gravel (similar to crushed rock), silt, silt loam, sandy loam, and, in some cases, silty clay loam, sandy clay loam, and dry rock that is not stable |
| Type C | Granular soils including gravel, sand, and loamy sand; or submerged soil or soil from which water is freely seeping; or submerged rock that is not stable |

## Previously Disturbed Soil

When trenches and excavations are made for the purpose of repairing or replacing existing utilities or equipment, or when land has been developed by cutting and filling, you must consider the soil as being previously disturbed. This means the soil has been excavated or moved previously. Recognizing the presence of previously disturbed soil assists the competent person in the classification of the soil. Previously disturbed soil can **never** be classified as Type A soil. The soil must be classified as Type B or Type C. In these situations the soil is almost always likely to be Type C.

## Weight of Soil

The weight of soil can vary depending on its type and moisture content. Unit weights of soil refer to the weight of one unit of a particular soil. One cubic foot of soil can have a weight ranging from 110 lbs (49.9 kg) to 140 lbs (63.5 kg), and one cubic yard of soil can weigh more than 3,000 lbs (1,361 kg). A section of dirt (3 ft. * 3 ft. * 3 ft. (91 cm * 91 cm * 91 cm)) falling 6 ft. (1.8 m) can hit a worker with the same force as a small pick-up truck traveling 35 mph (56.3 km/h).

**Tabla 2.1 Clasificación de suelos.**

| Tipo de suelo | Características del suelo |
|---|---|
| Roca estable | Materia mineral natural sólida |
| Tipo A | Arcilla, arcilla limosa, arcilla arenosa, fango arcilloso, y, en algunos casos, fango arcilloso limoso y fango arcilloso arenoso |
| Tipo B | Suelos granulados con poca cohesión entre los que se incluye grava angular (similar a la piedra triturada), limo, fango limoso, fango arenoso, y, en algunos casos, fango arcilloso limoso, fango arcilloso arenoso y piedra seca no estable |
| Tipo C | Suelos granulados, incluidas grava, arena, y arena fangosa; o suelo sumergido o suelo del cual el agua brota libremente; o piedra sumergida que no es estable |

## Suelo previamente removido

Cuando se realicen zanjas y excavaciones con el fin de reparar o reemplazar instalaciones de servicios públicos o equipos existentes, o cuando la tierra se haya desarrollado por cortes o rellenos, debe considerarse dicho suelo como previamente removido. Esto significa que el suelo ha sido excavado o movido previamente. Reconocer la presencia de suelo previamente removido ayuda a la persona competente a clasificarlo. El suelo previamente removido **nunca** puede ser clasificado como tipo A. Debe clasificarse como tipo B o C. En estas situaciones, el suelo es casi siempre del tipo C.

## Peso del suelo

El peso del suelo puede variar según su tipo y el contenido de humedad. Las unidades de peso del suelo se refieren al peso de una unidad de suelo en particular. Un pie cúbico de suelo puede tener entre 110 libras (49,9 kg) y 140 libras (63,5 kg), y una yarda cúbica de suelo puede pesar más de 3.000 libras (1.361 kg). Una porción de tierra (3 pies * 3 pies * 3 pies (91 cm * 91 cm * 91 cm)) que cae 6 pies (1,8 m) puede golpear a un trabajador con la misma fuerza que una pequeña camioneta que viaja a 35 MPH (56,3 km/h).

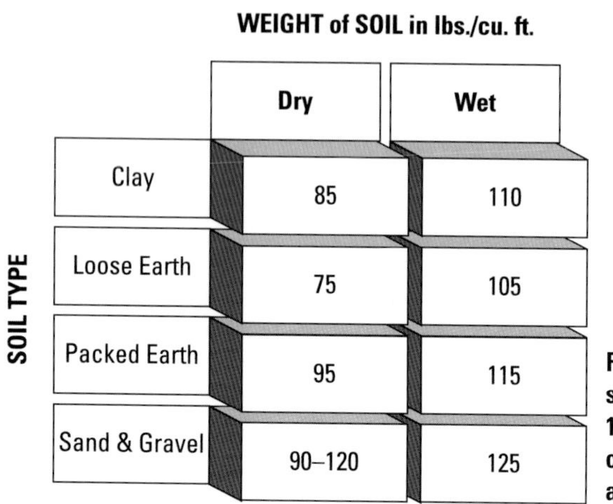


**Figure 2.1 A cubic foot of soil can easily weigh over 100 lbs (45.4 kg) and a cubic yard can be as heavy as a pick-up truck.**

## Soil Mechanics That Likely Cause Trenches and Excavations to Fail

A number of stresses and deformities can occur in an opening or excavation. For example, increases and decreases in moisture content can adversely affect the stability of a trench or excavation. There are several reasons excavations fail, such as the soil was cut without proper sloping or benching; there was too much water accumulated in the bottom of the trench, which may soften excavation walls; or there is excessive vibration, or any other condition that affects the stability of the trench. The following are some causes of trench failure.

### Tension Cracks or Fissures

Tension cracks or fissures often run along the trench, along the lip of the trench, or even across benches. When this is found at an excavation, the sides of the trench have moved and could slide or topple, causing a serious cave-in. Tension cracks generally occur parallel to the excavation wall at a distance up to ½ to ¾ times the depth of the trench from the surface edge, but may be present at a closer distance.

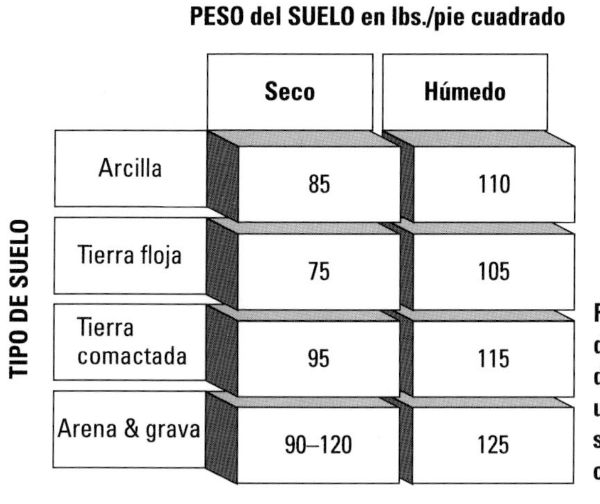


**Figura 2.1 Un pie cúbico de suelo puede pesar más de 100 libras (45,4 kg) y una yarda cúbica puede ser tan pesada como una camioneta.**

## Mecánicas de suelo que pueden provocar que las zanjas y excavaciones fracasen

Se pueden producir diversas tensiones y deformidades al abrir una zanja o excavación. Por ejemplo, el aumento o reducción del contenido de humedad del suelo puede perjudicar la estabilidad de una zanja o excavación. Hay muchos motivos por los cuales una excavación puede fracasar que el suelo no fue cortado con la pendiente o los bancos adecuados; la acumulación excesiva de agua en el fondo de la zanja, lo cual podría ablandar las paredes de la excavación; la vibración excesiva o cualquier otra condición que afecte la estabilidad de la zanja. Estas son algunas de las causas por las cuales una zanja fracasa.

### Grietas o fisuras de tensión

Las grietas o fisuras de tensión suelen producirse a lo largo de la zanja, a lo largo del borde de la zanja, o incluso en los bancos. Cuando se detecta una grieta o fisura en una excavación, significa que los lados de la zanja se han movido y pueden deslizarse o desprenderse, provocando un grave derrumbe. Las grietas de tensión suelen producirse en paralelo a la pared de la excavación, a una distancia de entre ½ y ¾ veces la profundidad de la zanja desde el borde de la superficie; sin embargo, las grietas pueden presentarse a una distancia más cercana.

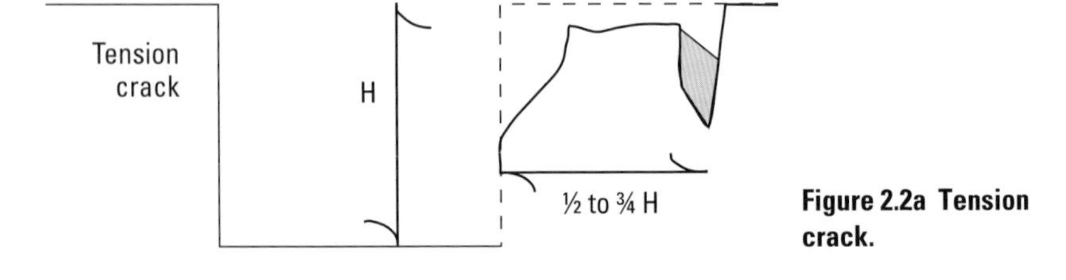


**Figure 2.2a Tension crack.**

**Figure 2.2b Example of soil fissures or tension cracks. These cracks, which may appear suddenly or gradually, are a good indication that the soil is unstable and may cave in.**

## Sliding

Sliding, or sometimes referred to as sloughing, usually occurs as a result of tension cracks.

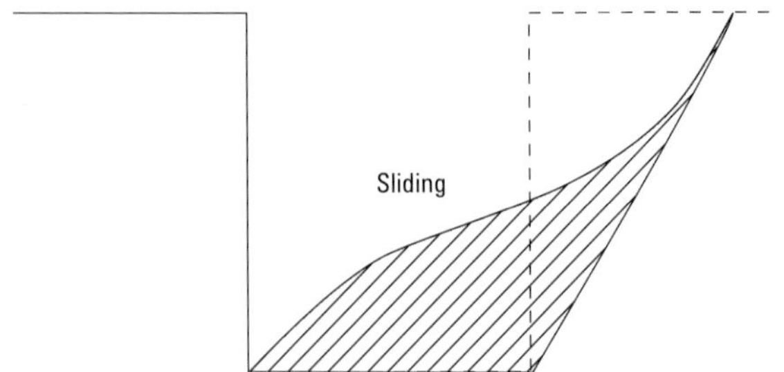


**Figure 2.3 Sliding.**

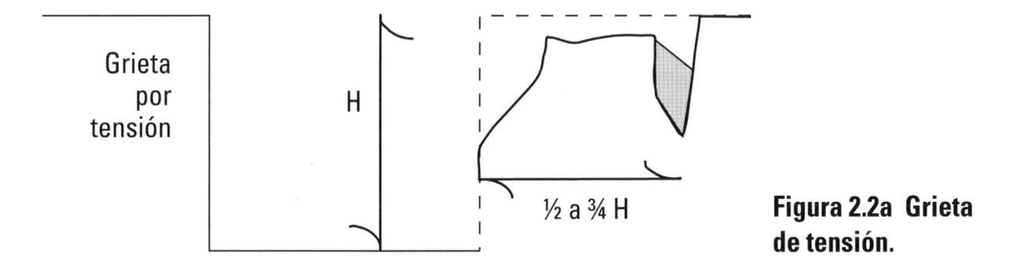


**Figura 2.2a Grieta de tensión.**

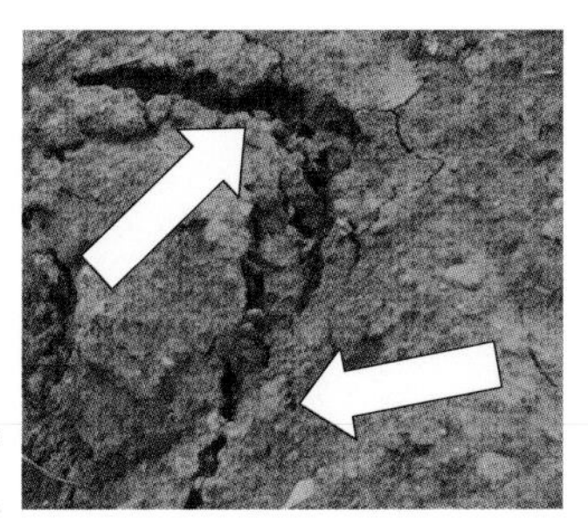

**Figura 2.2b ejemplo de fisuras o grietas de tensión del suelo. Estas grietas, que pueden aparecer de manera repentina o gradual, son un buen indicador de que el suelo no es estable y puede derrumbarse.**

## Deslizamiento

Deslizamiento, en ocasiones definido como desprendimiento, que suele producirse como resultado de grietas de tensión.

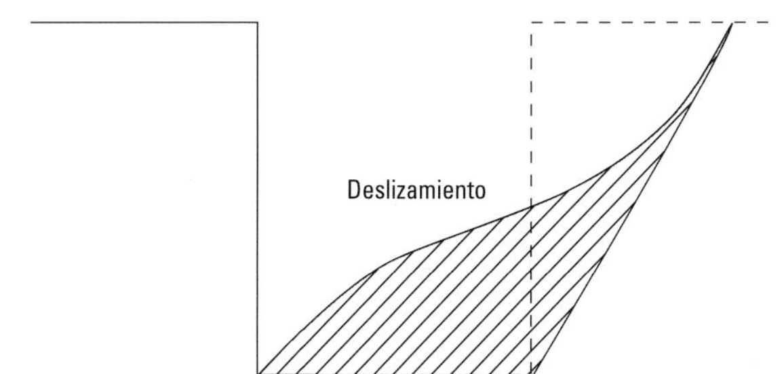


**Figura 2.3 Deslizamiento.**

## Toppling

In addition to sliding, tension cracks can cause toppling. Toppling occurs when a trench's vertical face shears along the tension crack line and topples into the excavation.

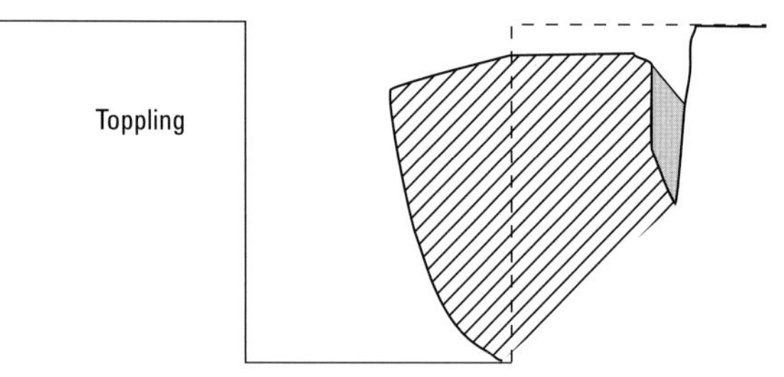


**Figure 2.4 Toppling.**

## Boiling

Boiling occurs in excavations that are in areas with high water tables. The bottom of the soil can become unstable due to the amount of saturation of the soil particles and can cause failure.

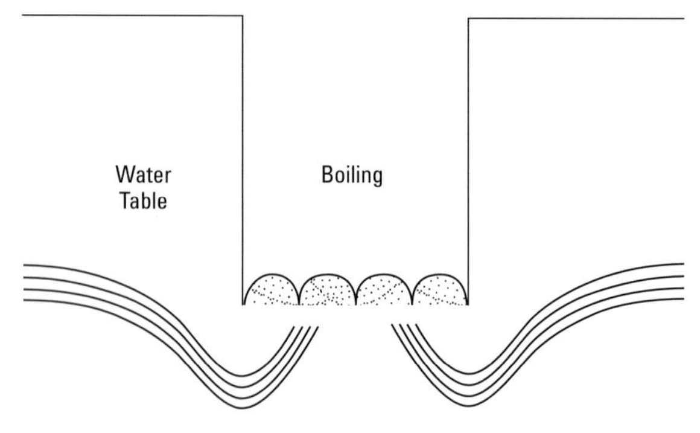


**Figure 2.5 Boiling.**

## Vuelco

Además del deslizamiento, las grietas de tensión pueden provocar vuelco. El vuelco se produce cuando la cara vertical de una zanja se corta por la línea de la grieta de tensión y se vuelca dentro de la excavación.

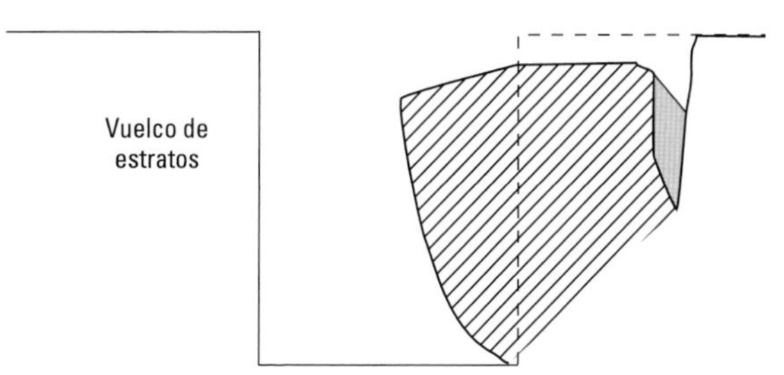


**Figura 2.4 Vuelco.**

## Ebullición

La ebullición se produce en excavaciones que se encuentran en áreas con altos niveles freáticos. La parte inferior del suelo puede volverse inestable debido a la saturación de las partículas de suelo y puede provocar una falla.

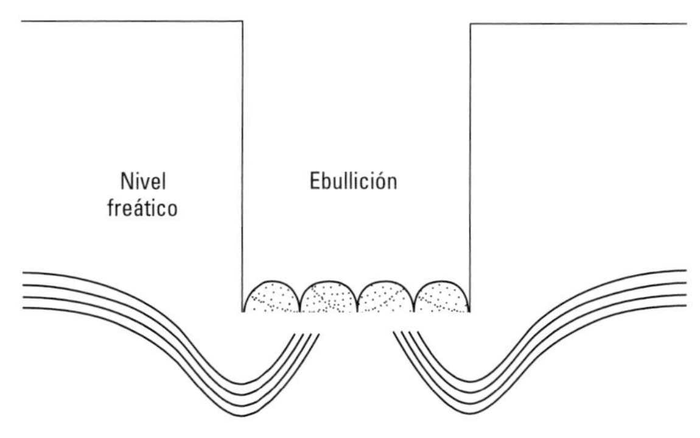


**Figure 2.5 Ebullición.**

## Subsidence and Bulging

Subsidence, or shifting of the soil downward, can occur from unbalanced stresses in the soil. Subsidence at the surface can cause bulging of the vertical face of the trench. If these are not addressed, it can result in soil failure.

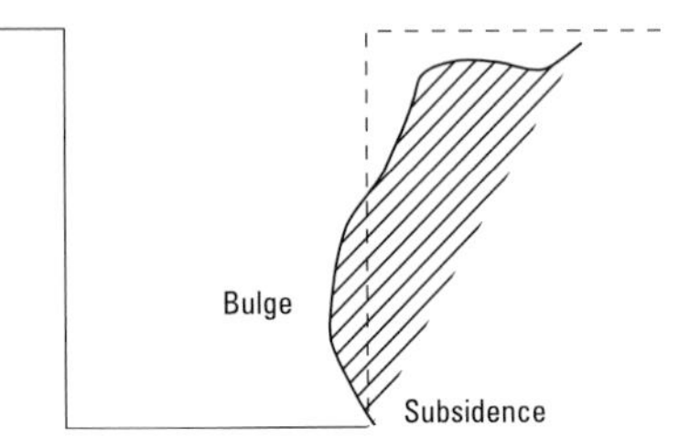


**Figure 2.6 Subsidence and Bulging.**

## Heaving

Heaving can occur when the bottom of the excavation is compressed by the vertical weight of the side walls and the bottom of the trench can rise in the center. If the bottom gives, the sides could collapse.

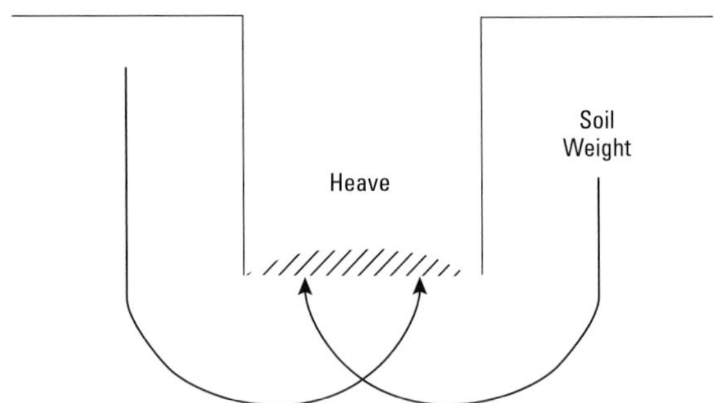


**Figure 2.7 Heaving.**

## Subsidencia y hundimiento

Las subsidencias, o la desviación del suelo hacia abajo, pueden producirse debido a desequilibrios de tensión en el suelo. La subsidencia en la superficie puede provocar el hundimiento de la cara vertical de la zanja. Si estos problemas no son tratados, pueden provocar una falla en el suelo.

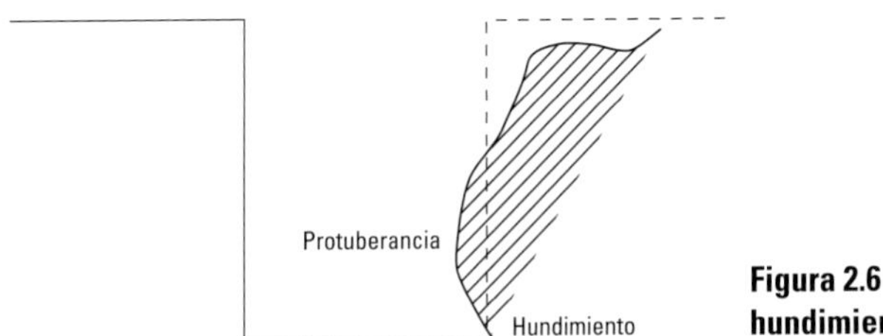


**Figura 2.6 Subsidencia y hundimiento.**

## Levantamiento

El levantamiento puede producirse cuando el fondo de la excavación está comprimido por el peso vertical de las paredes laterales; el fondo de la zanja podría levantarse en el centro. Si el fondo cede, los lados podrían derrumbarse.

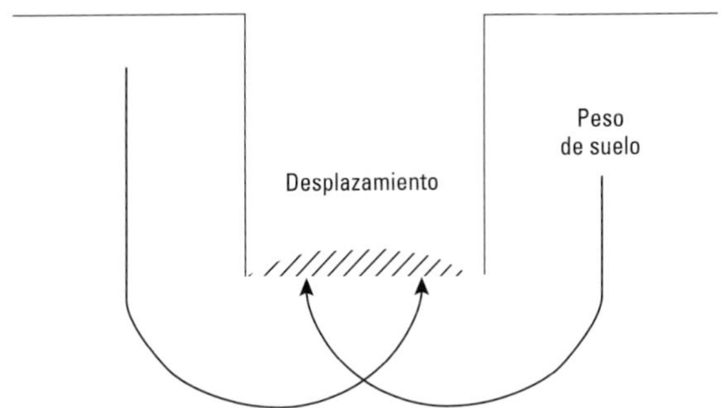


**Figura 2.7 Levantamiento.**

### Vibration

Vibration also increases the chance of failure in an excavation. Vibration from equipment on site or from traffic could cause the breakdown of an excavation and result in a collapse. Nearby vibration also affects the classification soil. If vibration from mobile equipment or traffic is noticeable near the trench, the competent person should take this into consideration when determining soil type, which typically results in a lower soil classification.

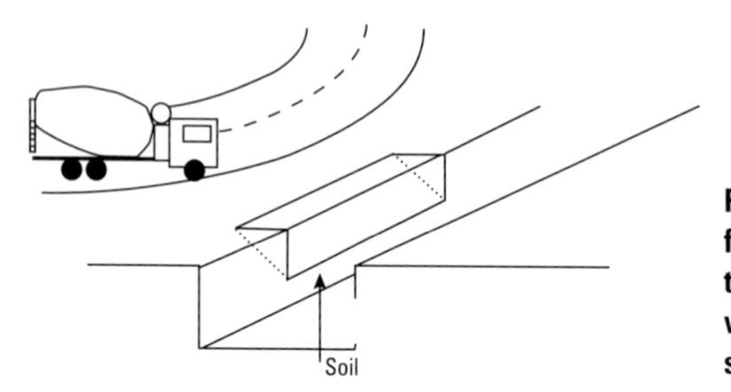


**Figure 2.8 Example of vibration failure. The soil is affected by the vibration from a moving vehicle and is susceptible to a sliding cave-in.**

## Soil Testing

To determine the classification of soil, the competent person or typically a soils engineer must conduct at least one visual and at least one manual analysis or test. The classification of the soil will then be based on the results of each test. The analyses are to be conducted in accordance with the tests described in *OSHA 29 CFR 1926, Subpart P*, or in other methods of soil classification and testing such as those adopted by the American Society for Testing Materials or the U.S. Department of Agriculture textural classification system. (See Appendix A for detailed OSHA testing requirements.)

If the employer assumes the soil is Type C and provides the required employee protection for Type C soil, regardless of the type of soil present, soil testing would not be required.

## Vibración

La vibración también aumenta la posibilidad de que se produzca una falla en una excavación. La vibración del equipo en el lugar o del tráfico podría provocar el desplome de una excavación, provocando un derrumbe. Las vibraciones cercanas también pueden afectar la clasificación del suelo. Si se detectan vibraciones del equipo móvil o del tráfico cerca de la zanja, la persona competente debería tomar esto en cuenta para determinar el tipo de suelo, que típicamente resultará en una clasificación de baja categoría.

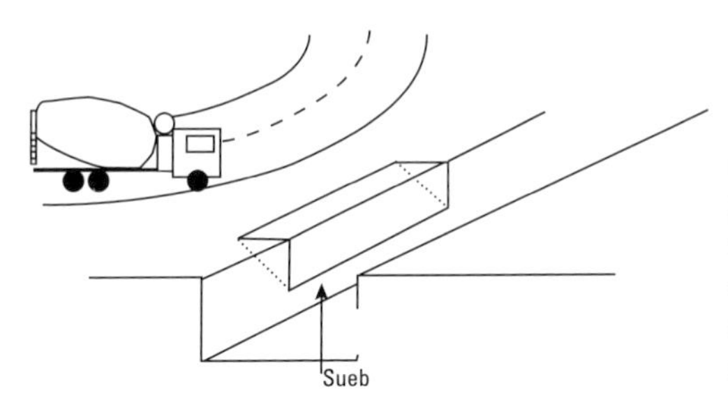


**Figura 2.8 Ejemplo de falla por vibración. El suelo es afectado por la vibración de un vehículo en movimiento y es susceptible de un derrumbe por deslizamiento.**

## Análisis del suelo

Para determinar la clasificación del suelo, la persona competente o un ingeniero de suelos deben realizar una prueba o análisis visual y una prueba o análisis manual como mínimo. La clasificación del suelo se basará en los resultados de cada análisis. Los análisis deberán ser realizados de conformidad con los análisis que se describen en *OSHA 29 CFR 1926, Subparte P*, o con otros métodos de clasificación y prueba de suelos, como los adoptados por la Sociedad Americana de Prueba de Materiales (ASTM, por sus siglas en inglés) o el sistema de clasificación textural, adoptado por el Departamento de Agricultura de los Estados Unidos. (Vea el anexo A para conocer los requisitos de los análisis OSHA).

Si el empleador entiende que el suelo es de tipo C y le brinda al empleado la protección requerida para esa clasificación, sin importar el tipo de suelo, no será necesario su análisis.

# 3 Protective Systems

Now we are ready to excavate and protect employees. How do you figure out proper protection? The options will sometimes be determined by soil type and physical issues, such as a lot that is small or narrow, surface encumbrances (e.g., sidewalks, trees) that may be in the way, or location of utilities.

All employees in excavations 5 ft. (1.5 m) or more in depth must be protected from cave-ins by an adequate protective system. Note that in some states, employees in a trench or excavation 4 ft. (1.2 m) or more in depth must be protected from cave-ins by an adequate protective system. Contact your local OSHA office for further information on the standards applicable in your state. Employees exposed to potential cave-ins in excavation and trenches 20 ft. (6.1 m) in depth of less can be protected with the following:

- Slope or bench the sides of the trench or excavation.
- Support (shore) the sides of the trench or excavation.
- Place a shield (i.e., trench box) in the trench or excavation for workers to work in.

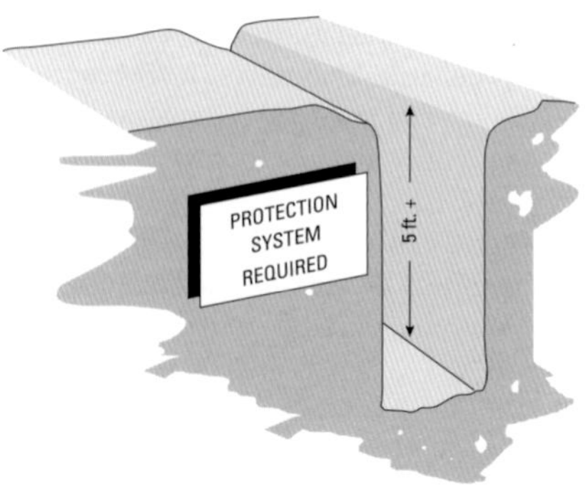


**Figure 3.1 Excavations 5 ft. (1.5 m) or more in depth must be protected from cave-ins by an adequate protective system. Excavations less than 5 ft. must also be protected if the competent person determines that a cave-in is a possibility.**

# 3 Sistemas de protección

Ahora estamos listos para excavar y proteger a los empleados. ¿Qué entiende por protección adecuada? En ocasiones, las opciones serán determinadas por el tipo de suelo y las características físicas, como mucha cantidad en una superficie pequeña o estrecha, obstrucciones de la superficie (por ej., veredas, árboles) que podrían interferir, o la ubicación de las instalaciones de servicios públicos.

Todos los empleados que trabajen en excavaciones de 5 pies (1,5 m) de profundidad o más deben estar protegidos contra derrumbes mediante un sistema de protección adecuado. Tenga en cuenta que algunos estados requieren que los empleados que trabajen en una zanja o excavación de 4 pies (1,2 m) o más de profundidad estén protegidos contra derrumbes con el sistema de protección que corresponda. Contáctese con su oficina de OSHA local para obtener más información sobre las normas aplicables en su estado. Los empleados que estén expuestos a potenciales derrumbes en zanjas y excavaciones de 20 pies (6,1 m) de profundidad o menos pueden ser protegidos de la siguiente manera:

- Construir las paredes de la zanja o excavación en pendiente o con bancos.
- Apuntalar las paredes de la zanja o excavación.
- Colocar un blindaje (por ej., una caja de trinchera) en la zanja o excavación para que puedan trabajar dentro de la misma.

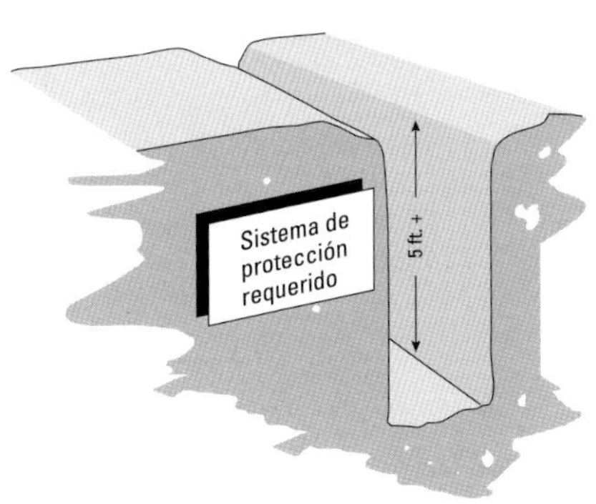


**Figura 3.1 Las excavaciones de 5 pies (1,5 m) de profundidad o más deben estar protegidas contra derrumbes mediante un sistema de protección adecuado. Las excavaciones de menos de 5 pies también deben protegerse si la persona competente determina que hay posibilidades de derrumbe.**

Sloping, benching, shielding, or shoring now needs to be decided. But what do these four terms mean? The following information provides general guidelines for each type of acceptable protective system.

## Sloping

This method protects employees from cave-ins by shaping/cutting the sides of an excavation to form an incline away from the excavation. The angle of incline required to prevent a cave-in varies with differences in such factors as the soil type, environmental conditions of exposure, and application of surcharge loads such as equipment, spoils pile, or stockpiled materials resting on the soils surface in the vicinity of the excavation. When using this method of protection, workers cannot be permitted to work on the sloped excavation at levels above other workers unless workers at the lower level are protected from rolling, falling, or sliding material and equipment. The following descriptions and diagrams illustrate how to properly slope soil depending on the classification.

### Type A Soil

All simple slope excavations in Type A soil less than 20 ft. (6.1 m) in depth must be cut at a 53-degree angle or at rate of ¾:1 (horizontal to vertical).

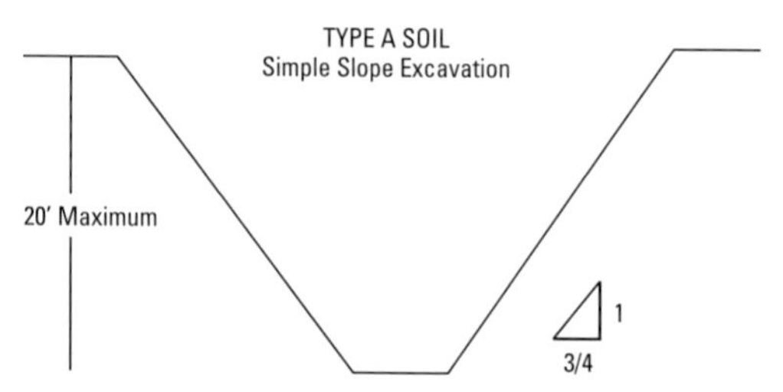


**Figure 3.2 Simple slope of ¾:1 in Type A soil.**

### Type B Soil

All simple slope excavations in Type B soil less than 20 ft. (6.1 m) in depth must be cut at a 45-degree angle or at a rate of 1:1 (horizontal to vertical) (fig. 3.3).

Ahora se debe decidir qué sistema de protección utilizar: en pendiente, bancos, blindaje o apuntalamiento. ¿Pero qué significan estos cuatro términos? La siguiente información brinda pautas generales para cada sistema de protección admisible.

## Sistema en pendiente

Este método protege a los empleados de derrumbes, formando/recortando las paredes de una excavación para formar una inclinación hacia la salida. El ángulo de inclinación requerido para prevenir un derrumbe varía según las diferencias en el tipo de suelo, las condiciones ambientales de exposición y la aplicación de sobrecargas como equipos, pilas de escombros o material de reserva colocado en la superficie del suelo cercana a la excavación. Cuando utilice este método de protección, no debe permitir que algunos trabajen en la excavación en pendiente en un nivel más alto que otros, excepto que los trabajadores en el nivel más bajo estén protegidos contra materiales o equipos que puedan rodar, caerse o deslizarse. Las siguientes descripciones y diagramas ilustran cómo realizar una pendiente adecuada en el suelo, según su clasificación.

### Suelo tipo A

Todas las excavaciones en pendiente simple de suelo tipo A que tengan menos de 20 pies (6,1 m) de profundidad deben ser cortadas a un ángulo de 53 grados o a una proporción de ¾:1 (horizontal a vertical).

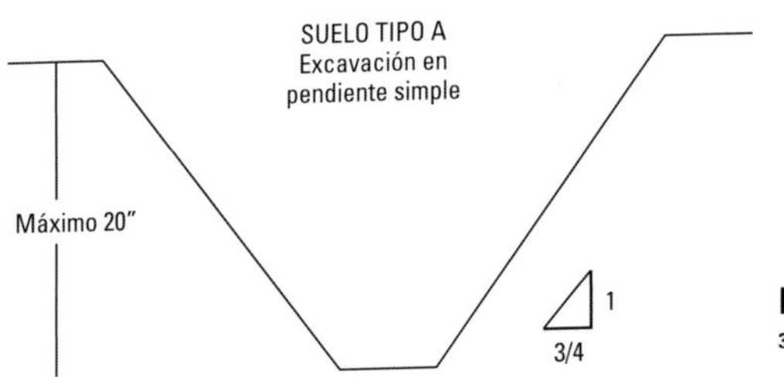


**Figura 3.2 Pendiente simple de ¾:1 en suelo tipo A.**

### Suelo tipo B

Todas las excavaciones en pendiente simple de suelo tipo B que tengan menos de 20 pies (6,1 m) de profundidad deben ser cortadas a un ángulo de 45 grados o a una proporción de 1:1 (horizontal a vertical) (fig. 3.3).

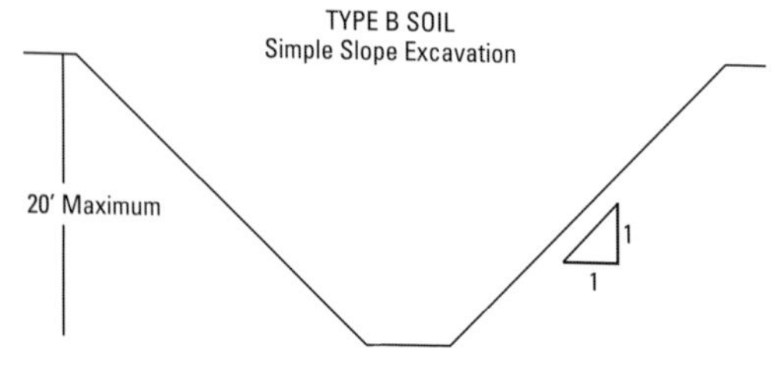


**Figure 3.3 Simple slope of 1:1 in Type B soil.**

## Type C Soil

All simple slopes excavations in Type C soil less than 20 ft. (6.1 m) in depth must be cut at a 34-degree angle or at a rate of 1½:1 (horizontal to vertical). This classification is most common in residential construction.

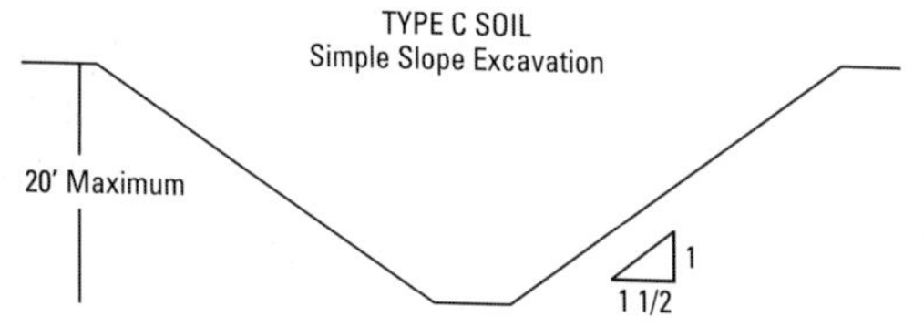


**Figure 3.4 Simple slope of 1½:1 in Type C soil.**

**Figure 3.5 The dotted line indicates the profile for this excavation, which is sloped at 1½ :1. Usually, residential excavations are in Type C soil and will require such a slope of 34 degrees.**

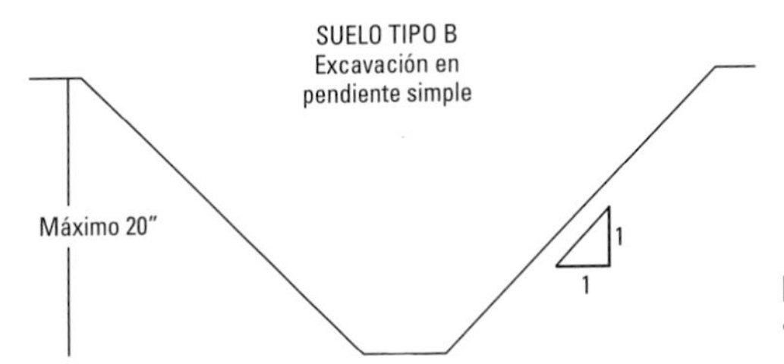


**Figura 3.3 Pendiente simple de 1:1 en suelo tipo B.**

## Suelo tipo C

Todas las excavaciones en pendiente simple de suelo tipo C que tengan menos de 20 pies (6,1 m) de profundidad deben ser cortadas a un ángulo de 34 grados o a una proporción de 1½:1 (horizontal a vertical). Esta clasificación es más frecuente en construcciones residenciales.

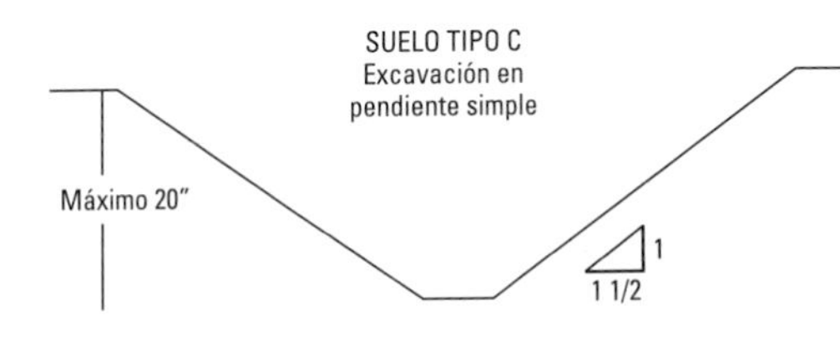


**Figura 3.4 Pendiente simple de 1½:1 en suelo tipo C.**

**Figura 3.5 La línea punteada indica el perfil para esta excavación, con una pendiente de 1½:1. Generalmente, las excavaciones en construcciones residenciales se realizan en un suelo tipo C y requieren una pendiente de 34 grados.**

**Table 3.1 Maximum allowable slopes for excavations less than 20 ft. (6.1 m) in depth.**

| Allowable Slopes | | |
|---|---|---|
| **Soil Type** | **Height/Depth Ratio** | **Slope Angle** |
| Stable Rock | Vertical | 90° |
| Type A | ¾:1 | 53° |
| Type B | 1:1 | 45° |
| Type C | 1½:1 | 34° |

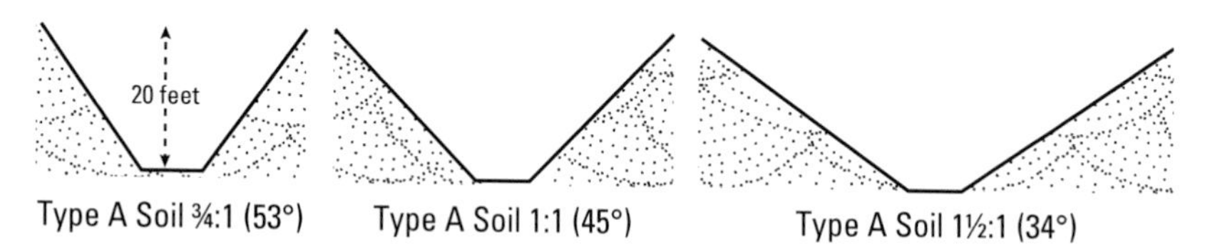


**Figure 3.6 Maximum allowable slopes for excavations less than 20 ft. (6.1 m) deep.**

## Benching

This method protects employees from cave-ins by excavating the sides of an excavation to form one or a series of horizontal levels or steps, usually with vertical or near vertical surfaces between levels. When using this method of protection, workers cannot be permitted to work on the benched excavation at levels above other workers in the trench, unless workers at the lower level are protected from rolling, falling, or sliding material and equipment. Benching is only allowable in Type A and Type B soil. The following descriptions and diagrams illustrate how to properly bench soil depending on the classification.

**Tabla 3.1 Máxima pendiente permitida para excavaciones de menos de 20 pies (6,1 m) de profundidad.**

| Pendientes Permitidas | | |
|---|---|---|
| **Tipo de suelo** | **Proporción altura/profundidad** | **Ángulo de la pendiente** |
| Roca estable | Vertical | 90° |
| Tipo A | ¾:1 | 53° |
| Tipo B | 1:1 | 45° |
| Tipo C | 1½:1 | 34° |

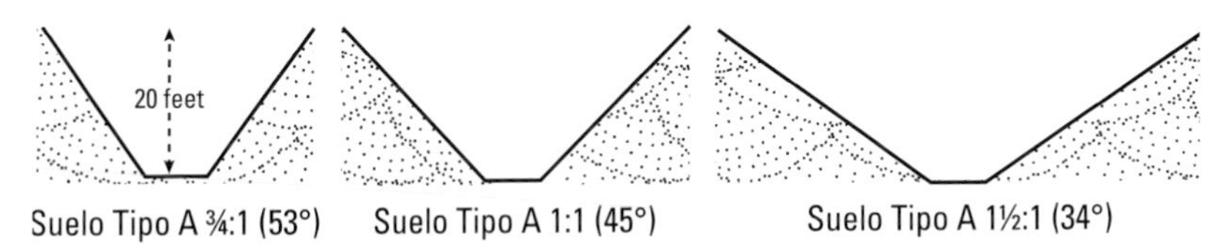


**Figura 3.6 Máxima pendiente permitida para excavaciones de menos de 20 pies (6,1 m) de profundidad.**

## Sistema de bancos

Este método protege a los empleados de derrumbes, excavando las paredes de una excavación para formar uno o más niveles o escalones horizontales, generalmente con superficies verticales o semi-verticales entre los niveles. Cuando utilice este método de protección, no debe permitir que trabajen en los bancos de la excavación en un nivel más alto que otros trabajadores en la zanja, excepto que los del nivel más bajo estén protegidos contra materiales o equipos que puedan rodar, caerse o deslizarse. Los bancos se permiten solamente en suelos tipo A y tipo B. Las siguientes descripciones y diagramas ilustran cómo realizar bancos en el suelo de manera adecuada, según su clasificación.

## Type A Soil

Benches in Type A soil will be cut with the first vertical cut 4 ft. (1.2 m) deep, and then cutting back horizontally 4 ft. (1.2 m). The second and subsequent vertical cuts can be made 5 ft. (1.5 m) high and cut 4 ft. (1.2 m) back.

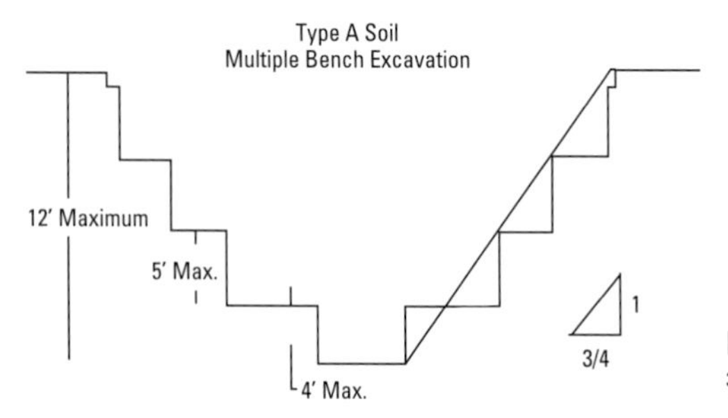


**Figure 3.7a Multiple bench ¾:1 in Type A soil.**

**Figure 3.7b Proper bench in Type A soil. The first vertical cut 4 ft. (1.2 m) deep, and then cutting back horizontally 4 ft. (1.2 m). The second and subsequent vertical cuts can be made 5 ft. (1.5 m) high and cut 4 ft. (1.2 m) back.**

## Type B Soil

Benches in Type B soil will be cut at a rate of 4 ft. (1.2 m) vertical, and then 4 ft. (1.2 m) horizontal to a maximum of 20 ft. (6.1 m) in depth (fig. 3.8).

## Suelo tipo A

Los bancos en el suelo tipo A deberán cortarse con un primer corte vertical de 4 pies (1,2 m) de profundidad, y luego otro corte horizontal de 4 pies (1,2 m). Los subsiguientes cortes verticales pueden realizarse con 5 pies (1,5 m) de altura y luego un corte de 4 pies (1,2 m).

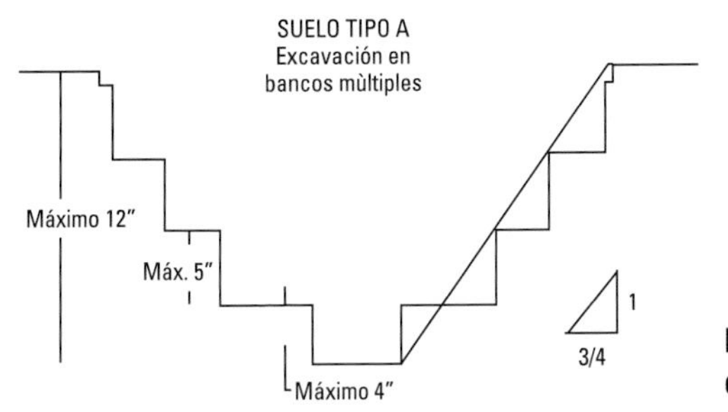


**Figura 3.7a Bancos múltiples de ¾:1 en suelo tipo A.**

**Figura 3.7b Banco apropiado en suelo tipo A. El primer corte vertical de 4 pies (1,2 m) de profundidad, y luego se realiza otro corte horizontal de 4 pies (1,2 m). Los subsiguientes cortes verticales pueden realizarse con 5 pies (1,5 m) de altura y luego un corte de 4 pies (1,2 m).**

## Suelo tipo B

Los bancos en suelo tipo B deben cortarse a una proporción de 4 pies (1,2 m) en forma vertical, y luego 4 pies (1,2 m) en forma horizontal hasta un máximo de 20 pies (6,1 m) de profundidad (fig. 3.8).

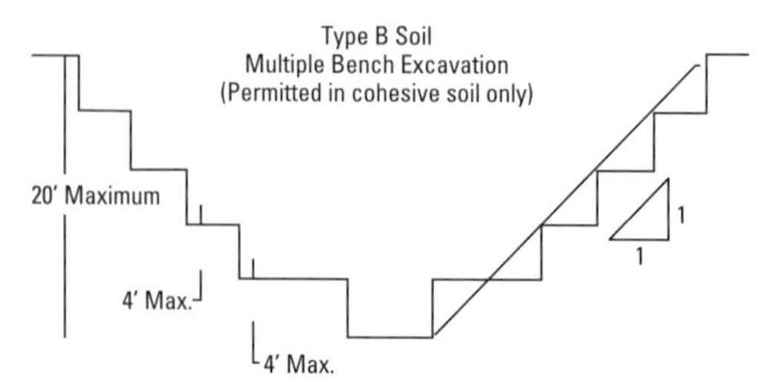


**Figure 3.8 Multiple benches 1:1 in Type B soil.**

## Combined Use

Trench boxes are generally used in open areas, but they may also be used in combination with sloping and benching in excavations 20 ft or less in depth which have vertically sided lower portions. The trench box should extend at least 18 in. (0.45 m) above the surrounding area if there is sloping toward the excavation to prevent dirt and materials from falling into the trench. This can be accomplished by providing a benched area adjacent to the trench box. The following diagrams illustrate how to properly protect workers in trenches with vertically sided lower portions in Type A, Type B, and Type C soils.

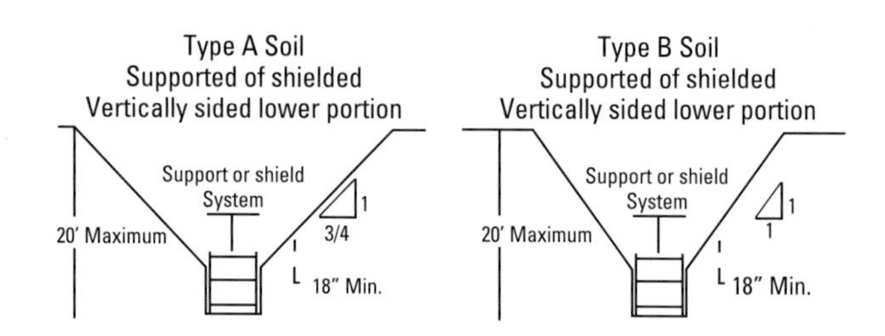


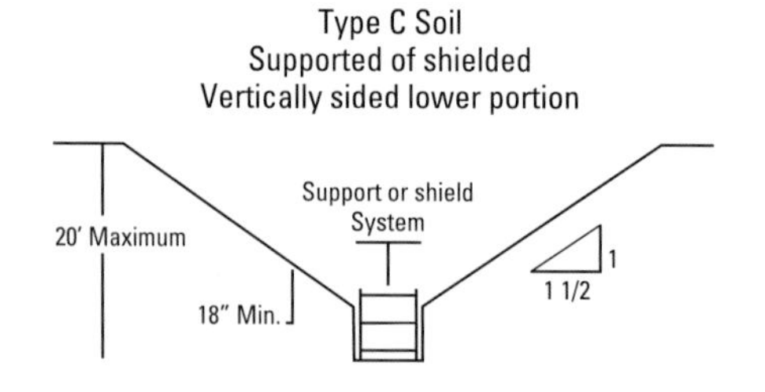


**Figure 3.9 Proper Slope and Shield Configurations for Type A, Type B, and Type C soils.**

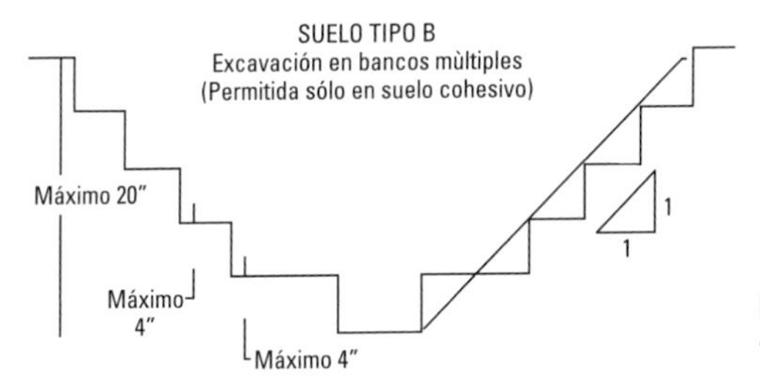


**Figura 3.8 Bancos múltiples de 1:1 en suelo tipo B.**

## Uso combinado

Las cajas de trinchera se suelen utilizar en áreas abiertas, pero también pueden utilizarse en combinación con el sistema en pendiente o de bancos en excavaciones de 20 pies o menos de profundidad con porciones más bajas y con paredes verticales. La caja de trinchera debe tener una extensión mínima de 18 pulgadas (0,45 m) sobre el área contigua, si hay una pendiente en la excavación, con el fin de evitar la caída de tierra y materiales dentro de la zanja. Esto puede lograrse mediante un área de bancos contigua a la caja de trinchera. Los siguientes diagramas ilustran cómo proteger adecuadamente a los trabajadores en las porciones más bajas con paredes verticales en suelos tipo A, B y C.

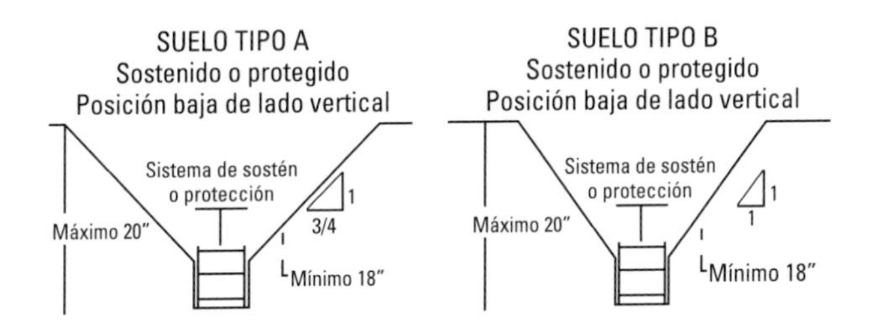


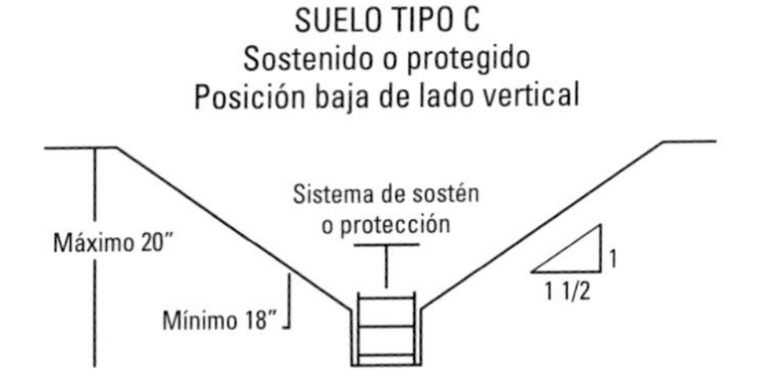


**Figura 3.9 Pendiente adecuada y configuración de blindaje para suelos tipo A, B y C.**

## Shielding

Trench boxes/shields are able to withstand the forces imposed by a cave-in and thereby protect employees. This type of protective system is usually pre-manufactured. Trench boxes/shields must be installed in a way to restrict lateral or other hazardous movement in the event a sudden lateral load is applied. The excavated area between the trench box and the face of the trench should be kept to a minimum. Shields are not to be subjected to loads that exceed what they have been designed to withstand. And, any equipment found to have damaged or defective parts must be taken out of service until properly repaired or approved for use by a registered professional engineer. Additionally, if the manufacturer's identification tag is damaged or otherwise illegible, the device is defective and must be recertified by the manufacturer.

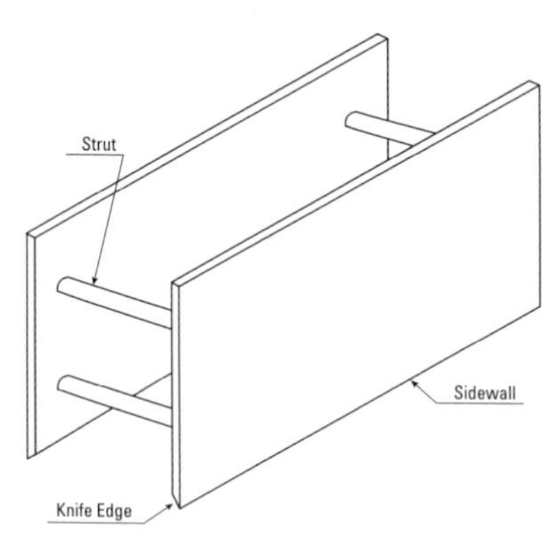


**Figure 3.10a Trench shields (trench boxes) are a frequently used protective system for utility installation, such as lateral lines. They provide protection to the worker inside the trench box when sloping cannot be used, such as in tight lot lines.**

**Figure 3.10b Aluminum trench shield (trench box).**

## Blindaje

Las cajas de trinchera/blindajes pueden soportar la presión provocada por un derrumbe, protegiendo de ese modo a los empleados. Este sistema de protección suele ser prefabricado. Las cajas de trinchera/ blindajes deben instalarse de modo tal de restringir los movimientos laterales u otro desplazamientos peligrosos en caso de colocar una carga lateral repentina. Debe mantenerse una distancia mínima entre el área excavada desde la caja de trinchera a la pared de la zanja. Los blindajes no deben exponerse a cargas que superen el peso máximo para el cual fueron diseñados. Cualquier equipo que tenga piezas dañadas o defectuosas debe ser colocado fuera de servicio hasta su reparación o hasta que un ingeniero profesional matriculado autorice su uso. Asimismo, si la etiqueta de identificación del fabricante estuviera dañada o fuera ilegible por algún otro motivo, el dispositivo se considerará defectuoso y deberá ser certificado nuevamente por el fabricante.

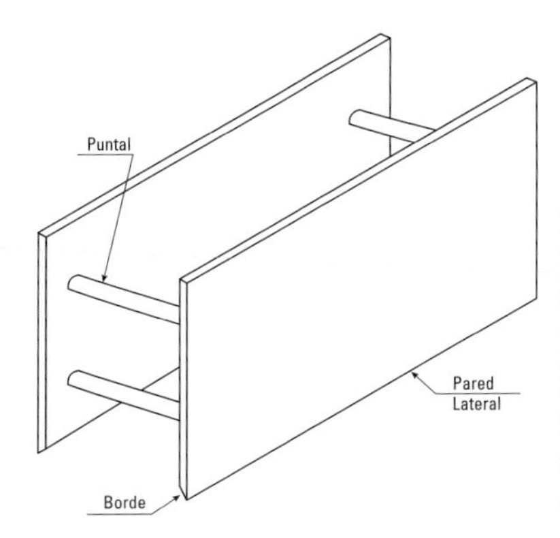


**Figura 3.10a Los blindajes de trinchera (cajas de trinchera) son un sistema de protección que se utiliza con frecuencia para la instalación de servicios públicos, como líneas laterales. Estos brindan protección al trabajador dentro de la caja de trinchera cuando no se puede utilizar el sistema de pendiente, como en líneas muy estrechas.**

**Figura 3.10b Blindaje de trinchera de aluminio (caja de trinchera).**

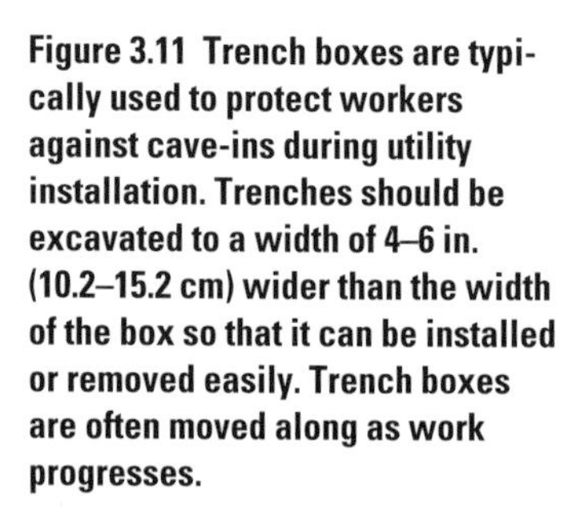

**Figure 3.11** Trench boxes are typically used to protect workers against cave-ins during utility installation. Trenches should be excavated to a width of 4–6 in. (10.2–15.2 cm) wider than the width of the box so that it can be installed or removed easily. Trench boxes are often moved along as work progresses.

**Figure 3.12** All excavations 5 ft. (1.5 m) or more in depth must have a protective system to protect against a cave-in. In this instance, a shield or trench box is being used, which is strong enough to hold back the forces of the soil. Trench boxes must also extend at least 18 in. (45.7 cm) above the surrounding area if it is sloped toward the excavation.

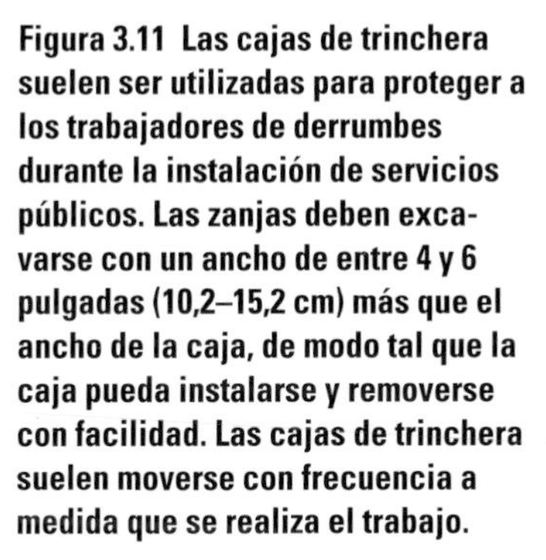

**Figura 3.11** Las cajas de trinchera suelen ser utilizadas para proteger a los trabajadores de derrumbes durante la instalación de servicios públicos. Las zanjas deben excavarse con un ancho de entre 4 y 6 pulgadas (10,2–15,2 cm) más que el ancho de la caja, de modo tal que la caja pueda instalarse y removerse con facilidad. Las cajas de trinchera suelen moverse con frecuencia a medida que se realiza el trabajo.

**Figura 3.12** Todas las excavaciones de 5 pies (1,5 m) o más de profundidad deben contar con un sistema de protección adecuado para derrumbes. En este caso, se utiliza un blindaje o caja de trinchera, que es suficientemente resistente para contener la fuerza del suelo. Las cajas de trinchera debe tener una extensión mínima de 18 pulgadas (45,7 cm) sobre el área circundante, si la excavación tiene una pendiente hacia abajo.

**Figure 3.13a Modular trench boxes are lightweight, easily transportable in a pick-up truck, and are easy to assemble and install in an open trench.**

**Figure 3.13b A two-man crew can readily assemble the system by hand for rapid placement in the trench by a backhoe.**

*Source:* Speed Shore

**Figura 3.13a Las cajas de trinchera modulares son livianas, fáciles de transportar en una camioneta y fáciles de montar e instalar en una zanja abierta.**

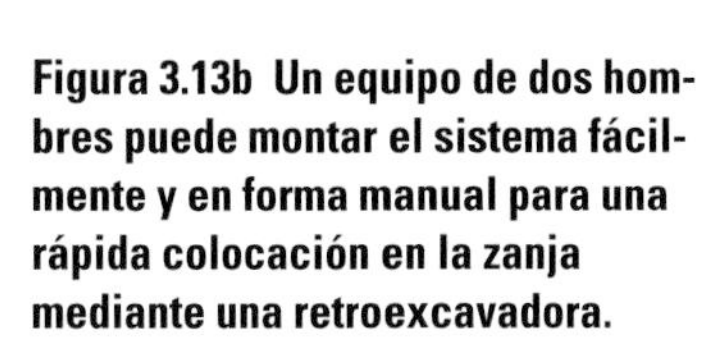

**Figura 3.13b Un equipo de dos hombres puede montar el sistema fácilmente y en forma manual para una rápida colocación en la zanja mediante una retroexcavadora.**

*Fuente:* Speed Shore

## Shoring

This method is a temporary support system such as a metal hydraulic, mechanical, or timber system that supports the faces of a trench and is designed to prevent cave-ins. Shoring systems protect workers in a trench by preventing the movement of soil, underground utilities, roadways, and foundations. This protective system is used when the location or depth of a trench makes sloping back to meet the requirements of a particular soil type impractical such as working near roads, sidewalks or driveways, or when working on properties with zero lot line setbacks. Shoring systems consist of posts, wales, struts, and sheeting. Two of the most commonly used shoring systems on residential construction sites are hydraulic shoring and pneumatic shoring, but screw jacks are also used.

### Hydraulic shoring

Hydraulic shoring is a prefabricated strut or wale system manufactured out of aluminum or steel. When using hydraulic shoring, the competent person should check for leaking hoses or cylinders, broken connections, cracked nipples, bent bases, and any other damaged or defective parts. This type of system provides a significant safety advantage over timber shoring because workers do not have to enter the trench to install or remove hydraulic shoring. There are other advantages to using a hydraulic shoring system which include

- light enough to be installed by one worker
- gauge regulated to ensure even distribution of pressure along the trench line
- adapts easily to various trench depths and widths

## Apuntalamiento

Este método es un sistema de apoyo temporal (metálico, hidráulico o de madera) que brinda apoyo a las paredes de la zanja y está diseñado para prevenir derrumbes. Los sistemas de apuntalamiento protegen a los trabajadores al prevenir el movimiento del suelo, instalaciones subterráneas de servicios públicos, carreteras y cimientos. Se utiliza cuando la ubicación o la profundidad de una zanja dificultan la aplicación del sistema en pendiente para satisfacer las necesidades de un tipo de suelo en particular, por ejemplo cuando se trabaja en cercanías a una ruta, en veredas o caminos de entrada, o cuando se trabaja en propiedades pegadas a la vereda. Los sistemas de apuntalamiento se componen de postes, vigas, puntales y encofrado. Dos de los sistemas de apuntalamiento más utilizados en construcciones residenciales son el hidráulico y el neumático, aunque también se utiliza el gato mecánico.

### Apuntalamiento hidráulico

Es un sistema prefabricado de puntales o vigas, hecho de aluminio o acero. Cuando se utiliza el apuntalamiento hidráulico, la persona competente debe revisar que no haya mangueras o cilindros con pérdidas, conexiones rotas, nicles agrietados, bases dobladas y otras piezas dañadas o defectuosas. Este tipo de sistema brinda una ventaja de seguridad importante sobre el apuntalamiento de madera, ya que los trabajadores no necesitan ingresar a la zanja para instalarlo o removerlo. Otras ventajas de utilizar el sistema de apuntalamiento hidráulico:

- es tan liviano que puede ser instalado por un solo trabajador
- está regulado por un medidor para asegurar una distribución uniforme de la presión a lo largo de la zanja
- se adapta fácilmente a diversas profundidades y anchos de zanjas

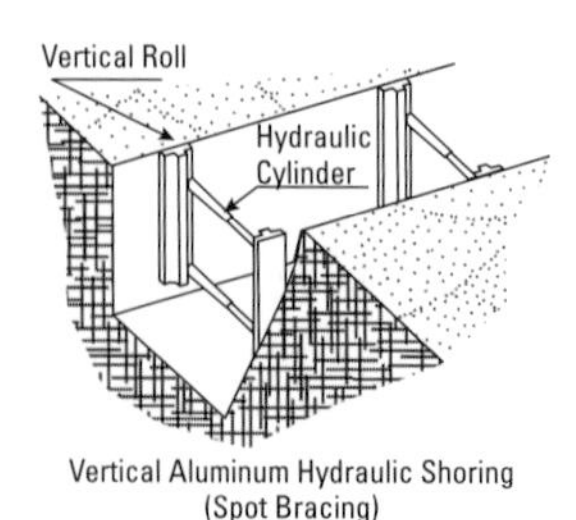


Vertical Aluminum Hydraulic Shoring
(Spot Bracing)

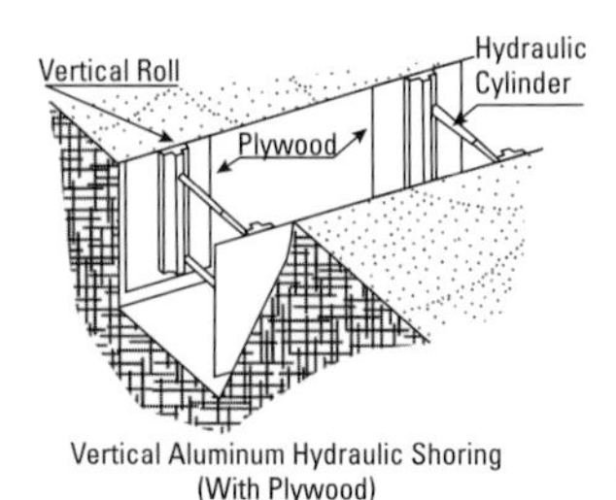


Vertical Aluminum Hydraulic Shoring
(With Plywood)

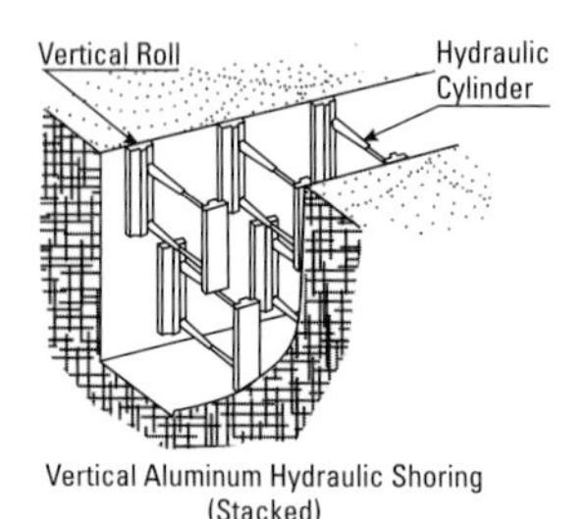


Vertical Aluminum Hydraulic Shoring
(Stacked)

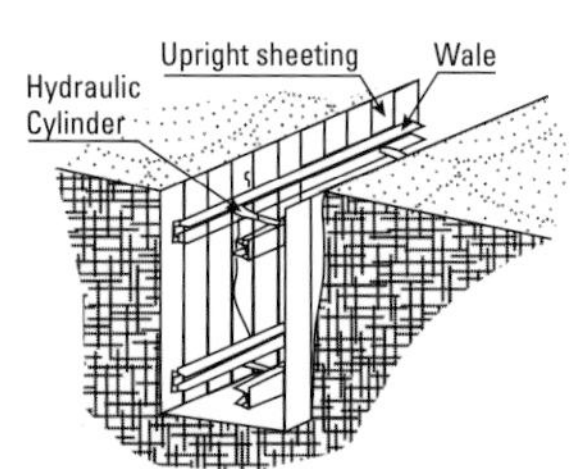


Aluminum Hydraulic Shoring Waler System
(Typical)

**Figure 3.14a Shoring is a structural system that will support the weight of the excavation walls to prevent them from caving in on employees working in the excavation. There are different types of shoring systems that are constructed of timber, steel, and aluminum.**

**Figure 3.14b All hydraulic shoring systems must be designed and set up in accordance with the tables and charts included in the Excavation Standard, manufacturers' specifications, or engineers' design.**

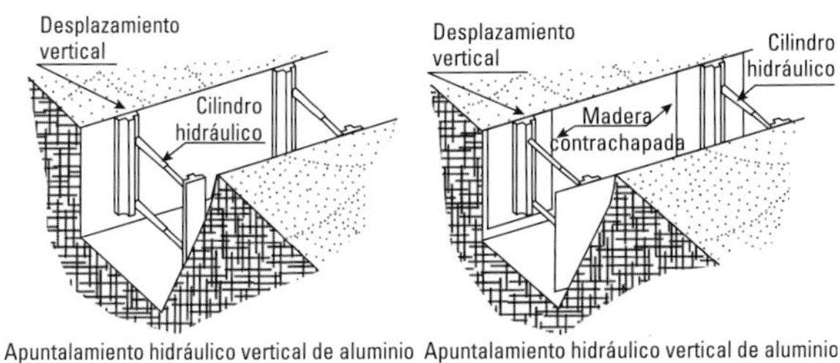


Apuntalamiento hidráulico vertical de aluminio (Sostén punteado) Apuntalamiento hidráulico vertical de aluminio (con madera contrachapada)

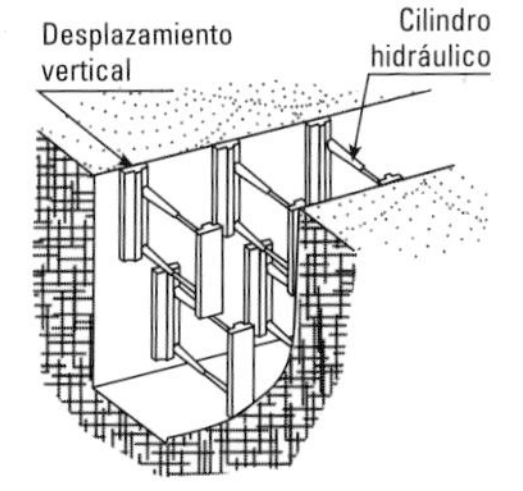


Apuntalamiento hidráulico vertical de aluminio (apilada)

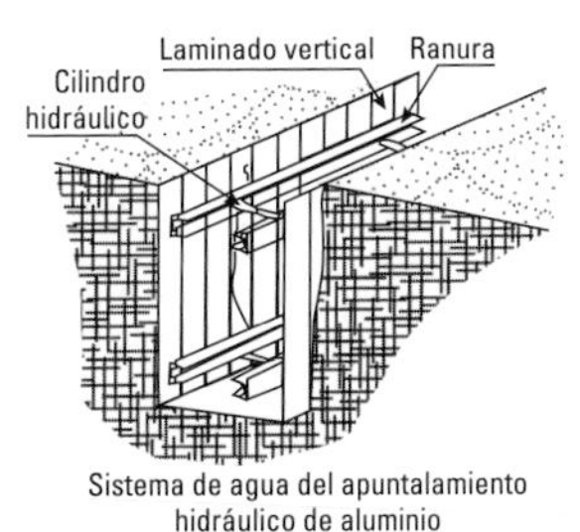


Sistema de agua del apuntalamiento hidráulico de aluminio

**Figura 3.14a El apuntalamiento es un sistema estructural que soportará el peso de las paredes de la excavación para evitar que se derrumben sobre los empleados que trabajan dentro de ella. Hay diferentes sistemas de apuntalamiento, construidos en madera, acero y aluminio.**

**Figura 3.14b Todos los sistemas de apuntalamiento hidráulico deben diseñarse y montarse de acuerdo con las tablas y los cuadros incluidos en las Normas de Excavación, las especificaciones del fabricante o el diseño de los ingenieros.**

## Pneumatic shoring

Pneumatic shoring is a prefabricated strut or wale system manufactured out of aluminum or steel. This type of system is similar to hydraulic shoring, except pneumatic shoring uses air pressure instead of hydraulic pressure, which requires an air compressor to be on site to use this system.

## Screw jacks (trench jacks)

Screw jack systems are comprised of the same primary components as hydraulic and pneumatic systems. The major difference between the screw jack system and the others is that the struts of a screw jack system have to be manually adjusted. As a result, workers are required to enter the trench to adjust the strut, exposing the worker to potential hazards.

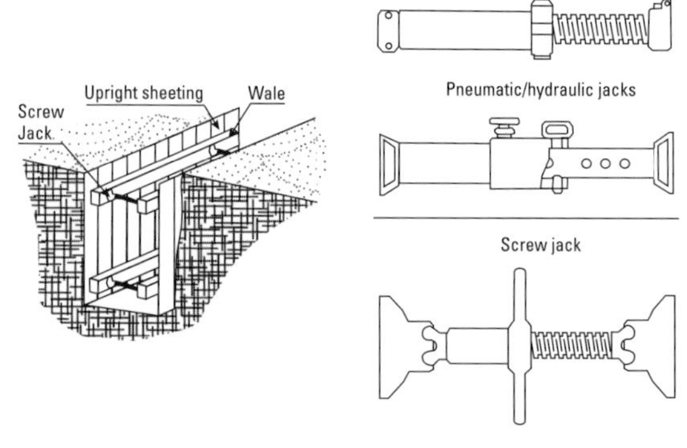


**Figure 3.15a Hydraulic shoring is constructed of aluminum or steel rails and expandable hydraulic cylinders, which are capable of being adjusted to the width of a trench.**

**Figure 3.15b Hydraulic shoring is relatively lightweight and easy to use. Hydraulic shores can be installed and removed without entering the trench. Tabulated data that permits the use of hydraulic shores in most soil types is now available from manufacturers and are readily available for purchase or rent.**

## Apuntalamiento neumático

Es un sistema prefabricado de puntales o vigas, hecho de aluminio o acero. Es similar al apuntalamiento hidráulico, con la excepción de que el neumático utiliza presión de aire en lugar de presión hidráulica, lo que requiere un compresor de aire en el lugar.

## Gato mecánico (gato de puntal)

Los sistemas de gato mecánico tienen los mismos componentes primarios que un sistema hidráulico o neumático. La principal diferencia entre el sistema de gato mecánico y los demás es que los puntales del primero deben ajustarse en forma manual. Como resultado, los trabajadores necesitan ingresar a la zanja para ajustar el puntal, lo cual expone al trabajador a peligros potenciales.

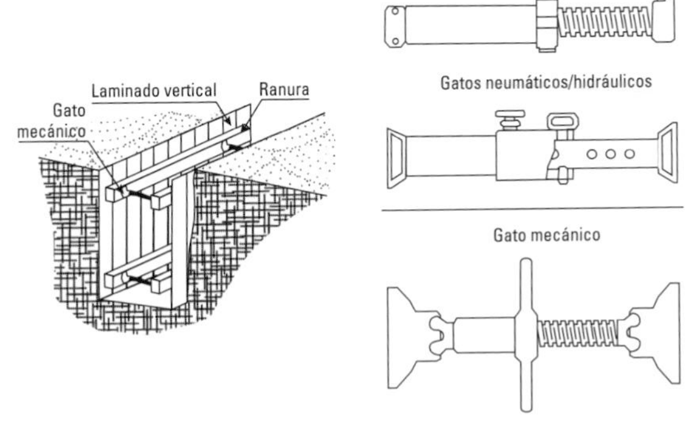


**Figura 3.15a El apuntalamiento hidráulico se compone de rieles de aluminio o acero y cilindros hidráulicos expandibles, que pueden ajustarse al ancho de la zanja.**

**Figura 3.15b El apuntalamiento hidráulico es relativamente liviano y fácil de usar. Los puntales hidráulicos pueden ser instalados y removidos sin necesidad de ingresar a la zanja. La información tabulada que permite el uso de los puntales hidráulicos en la mayoría de los tipos de suelo está disponible para los fabricantes y puede consultarse para compras o arrendamientos.**

## Tabulated Data

Tabulated data are tables and charts approved by a registered professional engineer (or the manufacturer of a protective system), which are used to design and construct protective systems. This information must be in writing and identify the parameters that affect the selection of a protective system. The tabulated data must also identify the limits of use of the data and the necessary information to assist the user in making the correct selection of a protective system.

At least one copy of the tabulated data must be maintained at the jobsite during the construction of a protective system. After the construction of the protective system is completed the tabulated data can be stored off the jobsite, but copies must be made available to OSHA upon request. When protective systems (trench boxes/shields or shoring systems) are bought or rented the supplier usually will provide this information upon delivery. It will then be the responsibility of the purchaser or renter to maintain copies of the tabulated data for future use.

**Table 3.2 Sample tabulated data.**

| Model | Dimensions H (ft) | L | Pipe Clearance H (ft) | L | Operating Range (in) | Weight (lbs) | Shield Capacity (psf) | Allowable Depth (ft) by soil type* A | B | C(60) | C |
|---|---|---|---|---|---|---|---|---|---|---|---|
| SS-0505-40H | 5 | 5 | 22 | 45 | 29 - 43 | 668 | 3000 | 25 | 25 | 25 | 16 |
| SS-0505-50H | 5 | 5 | 22 | 45 | 35 - 53 | 724 | 3000 | 25 | 25 | 25 | 16 |
| SS-0505-59H | 5 | 5 | 22 | 45 | 41 - 62 | 799 | 3000 | 25 | 25 | 25 | 16 |
| SS-0505-68H | 5 | 5 | 22 | 45 | 47 - 71 | 881 | 3000 | 25 | 25 | 25 | 16 |
| SS-0505-92H | 5 | 5 | 22 | 45 | 59 - 95 | 968 | 3000 | 25 | 25 | 25 | 16 |
| SS-0606-40H | 6 | 6 | 22 | 57 | 29 - 43 | 789 | 3000 | 25 | 25 | 25 | 16 |
| SS-0606-50H | 6 | 6 | 22 | 57 | 35 - 53 | 845 | 3000 | 25 | 25 | 25 | 16 |
| SS-0606-59H | 6 | 6 | 22 | 57 | 41 - 62 | 920 | 3000 | 25 | 25 | 25 | 16 |
| SS-0606-68H | 6 | 6 | 22 | 57 | 47 - 71 | 1001 | 3000 | 25 | 25 | 25 | 16 |
| SS-0606-92H | 6 | 6 | 22 | 57 | 59 - 95 | 1088 | 3000 | 25 | 25 | 25 | 16 |

*(continued)*

## Información tabulada

La información tabulada consiste en tablas y cuadros aprobados por un ingeniero profesional matriculado (o un fabricante de un sistema de protección), que se utilizan para diseñar y construir sistemas de protección. Esta información debe registrarse por escrito e identificar los parámetros que afecten la elección del sistema de protección. La información tabulada también debe identificar los límites de su uso y la información necesaria para ayudar al usuario a elegir correctamente el sistema de protección.

Debe conservarse al menos una copia de la información tabulada en el lugar de trabajo durante la construcción de un sistema de protección. Luego de hacer esto último, la información tabulada puede almacenarse fuera del lugar de trabajo, pero OSHA podrá solicitar la presentación de copias. Cuando se compra o alquila un sistema de protección (cajas de trinchera/sistemas de blindaje o apuntalamiento), el proveedor suele suministrar esta información al momento de la entrega. La persona que realice la compra o el alquiler deberá conservar copias de la información tabulada para su uso en el futuro.

**Tabla 3.2 Ejemplo de información tabulada.**

| **Modelo** | **Dimensiones** **A** (pies) | **L** | **Espacio Libre en la Tubería** **A** (pies) | **B** | **Range de Operación** (in) | **Peso** (lbs) | **Capacidad de la Protección** (psf) | **Profundidad Permitida** (pies) según tipo de suelo | | | |
|---|---|---|---|---|---|---|---|---|---|---|---|
| | | | | | | | | **A** | **B** | **C(60)** | **C** |
| SS-0505-40H | 5 | 5 | 22 | 45 | 29 - 43 | 668 | 3000 | 25 | 25 | 25 | 16 |
| SS-0505-50H | 5 | 5 | 22 | 45 | 35 - 53 | 724 | 3000 | 25 | 25 | 25 | 16 |
| SS-0505-59H | 5 | 5 | 22 | 45 | 41 - 62 | 799 | 3000 | 25 | 25 | 25 | 16 |
| SS-0505-68H | 5 | 5 | 22 | 45 | 47 - 71 | 881 | 3000 | 25 | 25 | 25 | 16 |
| SS-0505-92H | 5 | 5 | 22 | 45 | 59 - 95 | 968 | 3000 | 25 | 25 | 25 | 16 |
| SS-0606-40H | 6 | 6 | 22 | 57 | 29 - 43 | 789 | 3000 | 25 | 25 | 25 | 16 |
| SS-0606-50H | 6 | 6 | 22 | 57 | 35 - 53 | 845 | 3000 | 25 | 25 | 25 | 16 |
| SS-0606-59H | 6 | 6 | 22 | 57 | 41 - 62 | 920 | 3000 | 25 | 25 | 25 | 16 |
| SS-0606-68H | 6 | 6 | 22 | 57 | 47 - 71 | 1001 | 3000 | 25 | 25 | 25 | 16 |
| SS-0606-92H | 6 | 6 | 22 | 57 | 59 - 95 | 1088 | 3000 | 25 | 25 | 25 | 16 |

(*continúa*)

**Table 3.2 Sample tabulated data (*continued*).**

| Model | Dimensions H (ft) | L | Pipe Clearance H (ft) | L | Operating Range (in) | Weight (lbs) | Shield Capacity (psf) | Allowable Depth (ft) by soil type* A | B | C(60) | C |
|---|---|---|---|---|---|---|---|---|---|---|---|
| SS-0608-40H | 6 | 8 | 22 | 81 | 29 - 43 | 938 | 3000 | 25 | 25 | 25 | 16 |
| SS-0608-50H | 6 | 8 | 22 | 81 | 35 - 53 | 994 | 3000 | 25 | 25 | 25 | 16 |
| SS-0608-59H | 6 | 8 | 22 | 81 | 41 - 62 | 1070 | 3000 | 25 | 25 | 25 | 16 |
| SS-0608-68H | 6 | 8 | 22 | 81 | 47 - 71 | 1150 | 3000 | 25 | 25 | 25 | 16 |
| SS-0608-92H | 6 | 8 | 22 | 81 | 59 - 95 | 1238 | 3000 | 25 | 25 | 25 | 16 |
| SS-0610-40H | 6 | 10 | 22 | 45 | 29 - 43 | 1225 | 3000 | 25 | 25 | 25 | 16 |
| SS-0610-50H | 6 | 10 | 22 | 45 | 35 - 53 | 1281 | 3000 | 25 | 25 | 25 | 16 |
| SS-0610-59H | 6 | 10 | 22 | 45 | 41 - 62 | 1357 | 3000 | 25 | 25 | 25 | 16 |
| SS-0610-68H | 6 | 10 | 22 | 45 | 47 - 71 | 1437 | 3000 | 25 | 25 | 25 | 16 |
| SS-0610-92H | 6 | 10 | 22 | 45 | 59 - 95 | 1534 | 3000 | 25 | 25 | 25 | 16 |
| SS-0612-40H | 6 | 12 | 22 | 45 | 29 - 43 | 1402 | 3000 | 25 | 25 | 25 | 12 |
| SS-0612-50H | 6 | 12 | 22 | 45 | 35 - 53 | 1458 | 3000 | 25 | 25 | 25 | 12 |
| SS-0612-59H | 6 | 12 | 22 | 45 | 41 - 62 | 1534 | 3000 | 25 | 25 | 25 | 12 |
| SS-0612-68H | 6 | 12 | 22 | 45 | 47 - 71 | 1641 | 3000 | 25 | 25 | 25 | 12 |
| SS-0612-92H | 6 | 12 | 22 | 45 | 59 - 95 | 1702 | 3000 | 25 | 25 | 25 | 12 |

*Source:* Speed Shore

## Excavations Over 20 ft. (6.1 m) in Depth

Protective systems for excavations greater than 20 ft. (6.1 m) deep must be designed by a registered professional engineer. As required by OSHA, a registered professional engineer has the responsibility of approving the design of protective systems for use in excavations that are more than 20 ft. (6.1 m) in depth, and also approving the tabulated data for a particular protective system. A registered professional engineer is required to be registered in the state where the trenching work is to be done.

**Tabla 3.2 Ejemplo de información tabulada (*continued*).**

| Modelo | Dimensiones A (pies) | L | Espacio Libre en la Tubería A (pies) | B | Range de Operación (in) | Peso (lbs) | Capacidad de la Protección (psf) | Profundidad Permitida (pies) según tipo de suelo A | B | C(60) | C |
|---|---|---|---|---|---|---|---|---|---|---|---|
| SS-0608-40H | 6 | 8 | 22 | 81 | 29 - 43 | 938 | 3000 | 25 | 25 | 25 | 16 |
| SS-0608-50H | 6 | 8 | 22 | 81 | 35 - 53 | 994 | 3000 | 25 | 25 | 25 | 16 |
| SS-0608-59H | 6 | 8 | 22 | 81 | 41 - 62 | 1070 | 3000 | 25 | 25 | 25 | 16 |
| SS-0608-68H | 6 | 8 | 22 | 81 | 47 - 71 | 1150 | 3000 | 25 | 25 | 25 | 16 |
| SS-0608-92H | 6 | 8 | 22 | 81 | 59 - 95 | 1238 | 3000 | 25 | 25 | 25 | 16 |
| SS-0610-40H | 6 | 10 | 22 | 45 | 29 - 43 | 1225 | 3000 | 25 | 25 | 25 | 16 |
| SS-0610-50H | 6 | 10 | 22 | 45 | 35 - 53 | 1281 | 3000 | 25 | 25 | 25 | 16 |
| SS-0610-59H | 6 | 10 | 22 | 45 | 41 - 62 | 1357 | 3000 | 25 | 25 | 25 | 16 |
| SS-0610-68H | 6 | 10 | 22 | 45 | 47 - 71 | 1437 | 3000 | 25 | 25 | 25 | 16 |
| SS-0610-92H | 6 | 10 | 22 | 45 | 59 - 95 | 1534 | 3000 | 25 | 25 | 25 | 16 |
| SS-0612-40H | 6 | 12 | 22 | 45 | 29 - 43 | 1402 | 3000 | 25 | 25 | 25 | 12 |
| SS-0612-50H | 6 | 12 | 22 | 45 | 35 - 53 | 1458 | 3000 | 25 | 25 | 25 | 12 |
| SS-0612-59H | 6 | 12 | 22 | 45 | 41 - 62 | 1534 | 3000 | 25 | 25 | 25 | 12 |
| SS-0612-68H | 6 | 12 | 22 | 45 | 47 - 71 | 1641 | 3000 | 25 | 25 | 25 | 12 |
| SS-0612-92H | 6 | 12 | 22 | 45 | 59 - 95 | 1702 | 3000 | 25 | 25 | 25 | 12 |

*Fuente:* Speed Shore

## Excavaciones de más de 20 pies (6,1 m) de profundidad.

Los sistemas de protección para zanjas de más de 20 pies (6,1 m) de profundidad deben ser diseñados por un ingeniero profesional matriculado. OSHA requiere que un ingeniero profesional matriculado apruebe el diseño de los sistemas de protección a ser utilizados en excavaciones de más de 20 pies (6,1 m) de profundidad y la información tabulada para un sistema de protección en particular. El profesional debe estar matriculado en el estado en el cual se realizará el trabajo de apertura de zanjas.

## House Foundations and Basement Excavations

Once foundation walls are in place on a residential structure, the area between the wall and the excavated soil is, by definition, a trench and triggers the requirements of the OSHA trenching and excavation regulations. OSHA defines this scenario as a trench and states, "If forms or other structures are installed or constructed in an excavation so as to reduce the dimensions measured from the forms or structure to the side of the excavation to 15 ft. (4.6 m) or less (measured at the bottom of the excavation), the excavation is also considered to be a trench."

For most excavations, the soil must be sloped at an angle not steeper than 1½:1 horizontal to vertical (34 degrees measured from the horizontal in Type C soil) or a shoring system must be used. In many instances, it is not feasible to use sloping as a protective system during house foundation/basement excavations where property lines, adjacent structures, public utilities, sidewalks, streets, curbs and gutters, protected environmental areas, or other similar obstructions would preclude the excavation wall from being sloped in accordance with the provisions of the OSHA trenching and excavations regulations.

Additionally, there are no shoring systems or equipment available to protect workers conducting activities between the foundation wall and excavated soil, such as assembling and removing forms for foundation walls, constructing masonry foundation walls, applying waterproofing materials to foundation walls, installing drainage systems surrounding a house foundation, and performing other similar activities. Placing a protective system between the foundation wall and soil may exert lateral forces that are transferred to the foundation wall that could possibly cause the foundation wall to collapse.

After the house foundation walls are constructed, special precautions must be taken to prevent injuries from cave-ins in the area between the excavation wall (soil) and the house foundation wall. You must protect house foundations/basements excavations from cave-in by following these safe work practices:

## Excavación de cimientos y sótanos de la casa

Una vez que las paredes de cimiento estén colocadas en una estructura residencial, el área entre la pared y el suelo excavado es, por definición, una zanja y se deben respetar los requisitos de las normas de OSHA para zanjas y excavaciones. OSHA define este escenario como una zanja e indica: "Si se instalan o construyen otras formas o estructuras en una excavación de modo tal que se reducen las dimensiones medidas de las formas o la estructura de la pared de la excavación a 15 pies (4,6 m) o menos (medidas en la parte inferior de la excavación), la excavación también será considerada una zanja.

Para la mayoría de las excavaciones, el suelo debe tener una pendiente con un ángulo no mayor a 1½:1 horizontal a vertical (34 grados medidos en forma horizontal en el suelo tipo C) o se debe utilizar un sistema de apuntalamiento. En muchas ocasiones, no es viable usar el apuntalamiento como sistema de protección en la excavación de cimientos/sótanos de una casa en el caso de que las líneas de la propiedad, estructuras adyacentes, servicios públicos, veredas, calles, aceras y canaletas, áreas ambientales protegidas u otras obstrucciones similares que excluirían el sistema en pendiente para la pared de la excavación según las normas OSHA para zanjas y excavaciones.

Además, no hay sistemas de apuntalamiento ni equipos disponibles para proteger a los trabajadores que realicen actividades entre la pared de cimiento y el suelo excavado, por ejemplo para el montaje y la remoción de formas para paredes de cimiento, la construcción de paredes de cimiento de mampostería, la aplicación de materiales a prueba de agua para paredes de cimiento, la instalación de sistemas de drenaje alrededor de los cimientos de una casa y la realización de otras actividades similares. La colocación de un sistema de protección entre la pared de cimiento y el suelo podrían ejercer presión lateral que se transferirá a la pared de cimiento, pudiendo provocar su derrumbe.

Luego de que se construyan las paredes de cimiento de la casa, deben tomarse medidas de precaución especiales para evitar lesiones provocadas por un derrumbe en el área entre la pared de excavación (suelo) y la pared de cimiento de la casa. Debe proteger las excavaciones de cimientos/sótanos de la casa contra derrumbe mediante las siguientes prácticas de seguridad:

- Ensure the depth of the foundation/basement trench does not exceed 7½ ft. (2.3 m) deep unless you provide other cave-in protection, such as benching the soil.
- If the depth of the foundation/basement trench is greater than 7½ ft. (2.3 m) deep, you must bench the earth at least 2 ft. (61 cm) horizontally for every 5 ft. (1.5 m) or less vertically. NOTE: This applies to all soil types.
- Keep the horizontal width at the base of the house foundation trench at least 2 ft. (61 cm) wide.
- A competent person must inspect the trench regularly for changes in the stability of the earth (water, cracks, vibrations, spoil pile).
- Place ladders, ramps, or stairs within 25 ft. (7.6 m) of workers to enter and exit the excavation.
- Keep all soil, equipment, and materials at least 2 ft. (61 cm) from the edge of the excavation.
- Make sure no work activity, such as operating heavy equipment, vibrates the soil while workers are in the trench.
- Make sure there is no water, surface tension cracks, nor other environmental conditions present that reduce the stability of the excavation.
- Plan the house foundation trench work to minimize the number of workers in the trench and the length of time they spend there.
- Stop work immediately and remove workers from the trench if any potential for cave-in develops—then fix the problem before work starts again.

- Asegúrese de que la profundidad de la excavación del cimiento/sótano no supere los 7½ pies (2,3 m), excepto que utilice otro tipo de protección contra derrumbe, como el sistema de bancos.
- Si la profundidad de la excavación del cimiento/sótano es superior a 7½ pies (2,3 m), debe realizar bancos en la tierra de al menos 2 pies (61 cm) en forma horizontal por cada 5 pies (1,5 m) o menos en forma vertical. NOTA: esto se aplica a todos los tipos de suelo.
- El ancho horizontal en la base de la excavación de cimientos de la casa debe tener al menos 2 pies (61 cm) de ancho.
- Una persona competente debe inspeccionar la excavación de manera regular para detectar cambios en la estabilidad de la tierra (agua, grietas, vibraciones, pila de escombros).
- Coloque las escaleras, rampas o escalones dentro de los 25 pies (7,6 m) de distancia de los trabajadores para que puedan entrar y salir de la excavación.
- Mantenga todo el suelo, el equipo y los materiales por lo menos a 2 pies (61 cm) del borde de la excavación.
- Asegúrese de que ninguna actividad, como el funcionamiento de un equipo pesado, haga vibrar el suelo mientras los trabajadores están en la zanja.
- Asegúrese de que no haya agua, grietas de tensión en la superficie ni ninguna otra condición ambiental que reduzca la estabilidad de la excavación.
- Planifique el trabajo de excavación de cimientos de la casa para reducir al mínimo la cantidad de trabajadores en la zanja y la cantidad de tiempo que pasarán allí dentro.
- Interrumpa el trabajo de inmediato y retire a los trabajadores de la zanja si se produce un riesgo potencial de derrumbe, luego arregle el problema antes de continuar trabajando.

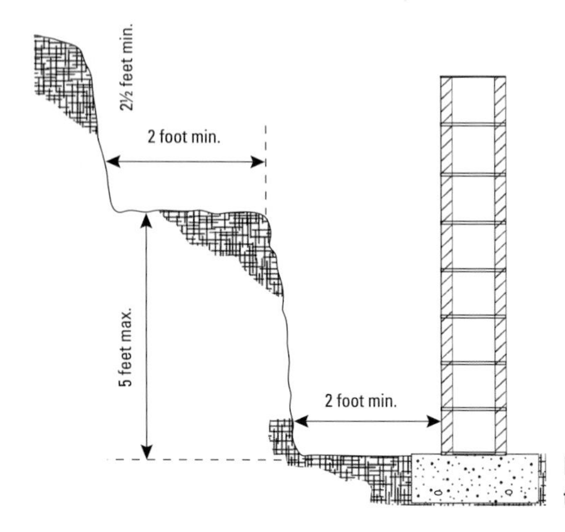


**Figure 3.16a Properly benched trench along a house foundation.**

**Figure 3.16b Proper benching for a house foundation: 2 ft. (61 cm) horizontally for every 5 ft. (1.5 m) or less vertically. Benching for house foundations applies to any soil type. The spoil pile is also 2 ft. (61 cm) from the excavation edge.**

## Installing and Removing Protective Systems

The installation and removal of protective systems should be done in a way that eliminates any hazards to workers posed by mobile equipment, cave-ins, or the members of the protective system. Closely coordinating the installation of the protective systems with the trenching activity can signif-

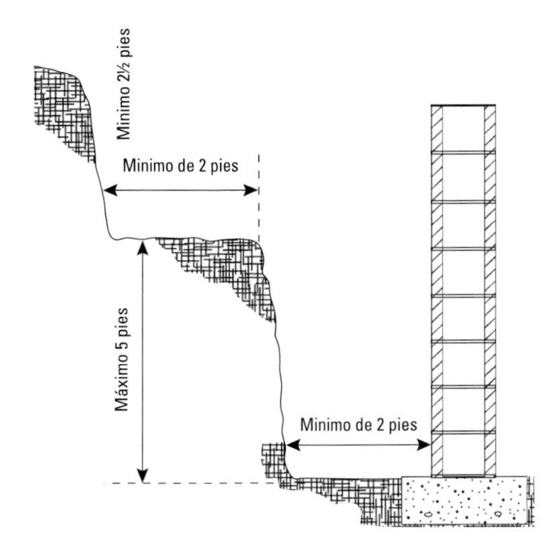


**Figura 3.16a Zanja con bancos adecuados a lo largo de los cimientos de la casa.**

**Figura 3.16b Sistema de bancos adecuado para los cimientos de una casa: 2 pies (61 cm) en forma horizontal por cada 5 pies (1,5 m) o menos en forma vertical. El sistema de bancos para los cimientos de una casa es aplicable a todos los tipos de suelo. La pila de escombros también está a 2 pies (61 cm) desde el borde de la excavación.**

## Instalación y remoción de sistemas de protección

La instalación y remoción de los sistemas de protección debe realizarse de forma tal de eliminar cualquier peligro al que puedan estar expuestos los trabajadores por equipos móviles, derrumbes o piezas del sistema de protección. El hecho de coordinar atentamente la instalación de los sistemas de protección con la actividad de excavación puede

icantly reduce exposure to hazards related to this process. In general the employer must ensure the following:

- Members of the protective system are securely connected together to prevent sliding, falling, kickouts, or other failure.
- The protective system is installed and removed in a manner that protects employees from cave-ins, structural collapses, or being struck by system components.
- Individual members of a protective system are not subjected to loads exceeding those that the components were designed to withstand.
- Before temporarily removing individual members, additional precautions must be taken to ensure the safety of employees, such as installing other structural members to carry the loads imposed on the protective system.
- Removal must begin at, and progress from, the bottom of the trench.
- Members must be released slowly as to note any indication of possible failure of the remaining members of the structure or possible cave-in of the sides of the excavation.
- When possible, backfilling should progress together with the removal of the protective system.
- Coordinate the installation of the protective system closely with the excavation activity.
- Excavation of material to a level no greater than 2 ft. (61 cm) below the bottom of the members of a protective system is allowed, only if the system is designed to resist the forces calculated for the full depth of the trench. There must also be no indications while the trench is open of possible loss of soil from behind or below the bottom of the protective system.

## Spoil Placement

All equipment, materials, and spoils (e.g., excavated soil) must be kept at least 2 ft. (61 cm) from the edge of the trench. Spoils can place an extra load on the excavation wall causing it to fail. Equipment and materials can also place an extra load on the excavation wall and cause a failure. All material placed adjacent to a trench must be secured to prevent it from falling into the trench and striking workers. Follow these safe work practices:

- Spoils must be placed no closer than 2 ft. (61 cm) from the edge of the excavation.

reducir significativamente la exposición a peligros relacionados con este proceso. En general, el empleador debe asegurarse de que:

- Las piezas del sistema de protección estén conectadas entre sí de manera segura para evitar deslizamientos, caídas, patadas u otras fallas.
- El sistema de protección sea instalado y removido de manera tal de proteger a los empleados de derrumbes, desmoronamiento de estructuras o atascamiento con uno de los componentes del sistema.
- Las piezas individuales del sistema de protección no deben ser expuestas a cargas que superen las permitidas para las que los componentes fueron diseñadas.
- Antes de remover en forma temporal una pieza individual, se deben tomar medidas de precaución adicionales para garantizar la seguridad de los empleados, como la instalación de otras piezas estructurales para soportar las cargas impuestas sobre el sistema de protección.
- La remoción debe comenzar en el fondo de la zanja y continuar desde ese punto.
- Las piezas deben ser soltadas lentamente para detectar cualquier señal posible de falla de las piezas restantes de la estructura o cualquier posible derrumbe de las paredes de la excavación.
- Cuando se pueda, el rellenado debe realizarse en forma simultánea con la remoción del sistema de protección.
- Coordine la instalación del sistema de protección con la actividad de excavación.
- Se permite la excavación de material a un nivel que no supere los 2 pies (61 cm) por debajo del fondo de las piezas del sistema de protección solamente si el sistema fue diseñado para resistir la presión calculada para la profundidad total de la zanja. También es posible que, mientras la zanja esté abierta, no haya señales de una posible pérdida de suelo detrás o debajo del fondo del sistema de protección.

## Colocación de los escombros

Todos los equipos, materiales y escombros (es decir, el suelo excavado) deben mantenerse al menos a 2 pies (61 cm) del borde de la excavación. Los escombros pueden generar una sobrecarga en la pared de la excavación, lo que puede provocar su derrumbe. El equipo y los materiales también pueden generar una sobrecarga en la pared de la excavación y provocar una falla. Todo el material colocado cerca de una zanja debe estar sujeto para evitar que caiga dentro de la zanja y golpee a los trabajadores. Implemente estas prácticas de seguridad en el trabajo:

- los escombros deben colocarse a una distancia no menor a 2 pies (61 cm) del borde de la excavación;

- The 2 ft. (61 cm) distance requirement ensures that workers in the trench will not be struck by loose rock or soil from the temporary spoil pile.

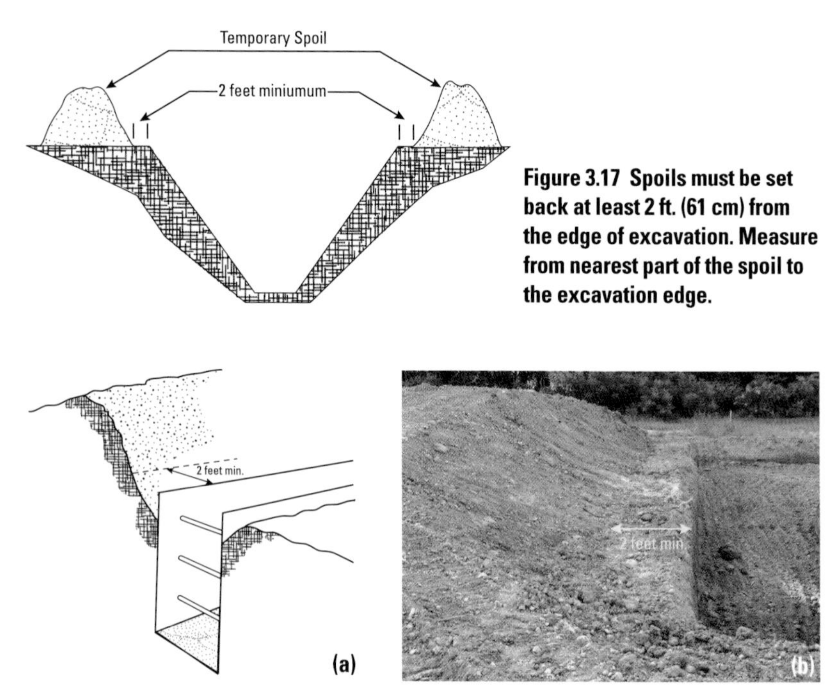


**Figure 3.17 Spoils must be set back at least 2 ft. (61 cm) from the edge of excavation. Measure from nearest part of the spoil to the excavation edge.**

**Figure 3.18a & b The spoil pile (and any materials and equipment) must be kept back at least 2 ft. (61 cm) from the edge of the excavation.**

- la distancia de 2 pies (61 cm) garantiza que los que trabajen en la zanja no serán golpeados por rocas sueltas o tierra de la pila temporal de escombros.

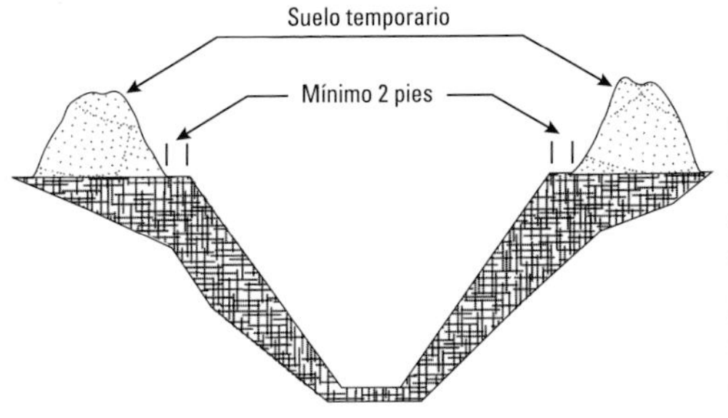


**Figura 3.17 Los escombros deben mantenerse por lo menos a 2 pies (61 cm) del borde de la excavación, medidos desde la parte de los escombros que esté más cerca del borde de la excavación.**

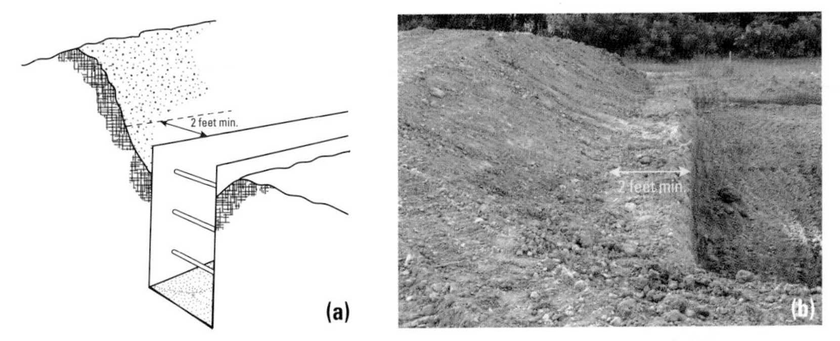


**Figura 3.18a y b La pila de escombros (y todo el material y los equipos) debe mantenerse por lo menos a 2 pies (61 cm) del borde de la excavación.**

# 4 Specific Excavation and Trenching Requirements

When working at or around trenches, there are several other safety concerns that must be addressed. Some of these include safe access, locating underground utilities, hazardous atmospheres, supporting surface encumbrances, work around electrical lines, and dewatering operations.

## Call Before You Dig: One-Call Notification

Each state has its own variation of the Underground Utility Damage Prevention Act. The basics of the act are typically the same. The purposes of these laws are to prevent unsafe excavation or trenching operations, protect workers and property, and preserve utility services. OSHA also requires that the location of utility installations, such as sewer, telephone, gas, electric, or water lines, must be located and marked prior to opening an excavation or trench.

The first step in planning to excavate is to call before you dig. This can be done by calling one number nationwide: **811**. Have the address and closest intersections ready as well as what part of the property you would like to have utilities located.

**Figure 4.1 Digging a trench? Building a deck? Planting a tree? Anywhere in the country, 811 is the number you should call before you begin any digging project, and every digging job requires a call.**

*Source:* Common Ground Alliance

# 4 Requisitos específicos de excavaciones y zanjas

Cuando se trabaje en las zanjas o en las zonas aledañas a una de ellas, se deben tener en cuenta muchas otras cuestiones de seguridad. Algunas de éstas incluyen el acceso seguro, la ubicación de las instalaciones subterráneas de servicios públicos, las atmósferas peligrosas, las obstrucciones de la superficie de apoyo, los cables eléctricos cercanos al área de trabajo y las operaciones de drenaje.

## Comuníquese antes de excavar: notificación "One-Call"

Cada estado tiene su propia versión de la Ley de Prevención de Daños a Instalaciones de Servicios Públicos, pero sus fundamentos suelen ser los mismos. La finalidad de estas leyes es prevenir operaciones inseguras de excavación o apertura de zanjas, proteger a los trabajadores y a la propiedad y preservar los servicios públicos. OSHA también requiere que se localice y marque la ubicación de las instalaciones de servicios públicos, como sumideros, líneas de teléfono, gas, electricidad o agua, antes de abrir una excavación o zanja.

El primer paso para planificar una excavación es llamar por teléfono. Para tal fin, puede llamar a un número para todo el país: **811**. Tenga a mano la dirección y las intersecciones más cercanas, así como la parte de la propiedad en la que desearía ubicar los servicios públicos.

**Figura 4.1 ¿Va a cavar una zanja? ¿Va a construir una terraza? ¿Va a plantar un árbol? No importa el lugar del país en el que lo haga, debería llamar al 811 antes de comenzar su proyecto, y cada trabajo de excavación requiere una nueva llamada.**

*Fuente:* Common Ground Alliance

The next step is to allow a few days for the utility owners to have a locator come to your site and mark it. This will be done with paint, flags, or a combination of both. Failing to call before you dig could possibly result in a fine or a charge against the person or company. This can also result in a major utility outage or serious accident. These marks must be protected. Make sure the competent person walks the site after marks are placed to ensure none were missed, which can be done by looking for signs of utilities on the project such as meters on houses, valve boxes, and distribution boxes.

**Figure 4.2a & b The exact location of utility installations, such as sewer, telephone, gas, electric, or water lines, must be located and marked prior to opening an excavation or trench. Utilities will be marked with paint, flags, or a combination of both.**

Remember these marks are an approximate location, which means you will need to first locate the lines with careful hand digging before using mechanized equipment. When digging make sure to always dig around the markings not on them. The zones of how far you need to hand dig depend state by state. They can range from 18 in. (45.7 cm) to 3 ft. (91.4 cm) from the edge of the underground utility depending on the location—this means that number plus the approximate width of the utility both ways.

El próximo paso consiste en esperar unos días para que los proveedores de servicios públicos envíen una persona para que localice y marque la ubicación de las instalaciones de ese servicio. Esto se realizará mediante pintura, banderas o una combinación de ambas. Si no llama antes de realizar una excavación, podría generar una multa o cargo contra la persona o empresa. Esto también podría provocar una suspensión del servicio público o un accidente grave. Las marcas deben ser protegidas: asegúrese de que la persona competente recorra el lugar antes de que se coloquen para garantizar que no falte ninguna, por ejemplo buscando los signos de los servicios públicos en el proyecto, como medidores en las casas, cajas de válvulas y cajas de distribución.

**Figura 4.2a y b También debe localizarse y marcarse la ubicación de las instalaciones de servicios públicos como sumideros, cables de teléfono, gas, electricidad o agua, antes de abrir una excavación o zanja. Los servicios públicos serán marcados con pintura, banderas o una combinación de ambas.**

Recuerde que estas marcas se hacen en una ubicación aproximada, lo que significa que primero deberá ubicar las líneas mediante una cuidadosa excavación manual antes de usar el equipo mecanizado. Cuando excave, asegúrese de hacerlo alrededor de las marcas y no sobre ellas. La profundidad con la que debe cavar en forma manual depende de cada estado. La profundidad puede variar de 18 pulgadas (45,7 cm) a 3 pies (91,4 cm) desde el borde del servicio público subterráneo, según su ubicación: esto significa ese número más el ancho aproximado del servicio público en ambos lados.

**Figure 4.3 An example of a permanent marking for underground electrical power lines.**

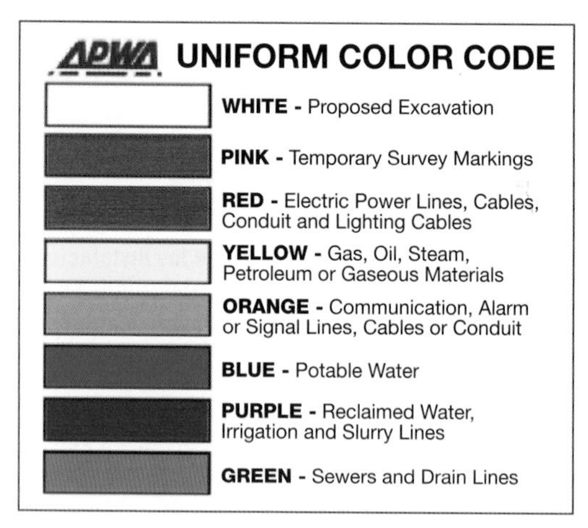


**Figure 4.4 The American Public Works Association (APWA) Uniform Color Codes for temporary marking of underground utilities.**

*Source:* APWA

The final part of this process is to excavate carefully. While excavating, take all steps to make sure utilities are protected. This is also true with other surface encumbrances such as sidewalks, trees, and house foundations.

**Figura 4.3 Ejemplo del marcado permanente de los cables subterráneos de energía eléctrica.**

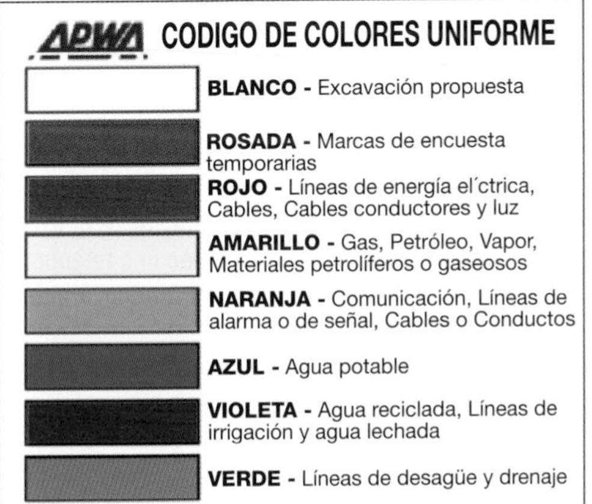


**Figura 4.4 Código de colores de la Asociación Estadounidense de Trabajos Públicos (APWA, por sus siglas en inglés) para el marcado temporal de los servicios públicos subterráneos.**

*Fuente:* APWA

La parte final de este proceso consiste en excavar cuidadosamente. Mientras excava, tome todas las medidas necesarias para asegurarse de que los servicios públicos estén protegidos. Esto también se aplica a otras obstrucciones de la superficie como veredas, árboles y cimientos de casas. A medida que atraviese los servicios públicos, o

As utilities are crossed, or material is under cut, make sure adequate bracing is installed to prevent damage.

**Figure 4.5 Remember markings are an approximate location, which means you will need to first locate the utility lines with careful hand digging before using mechanized equipment. The zones of how far you need to hand dig vary by state.**

## Supporting Surface Encumbrances

As the excavation process goes along, sometimes we may have to excavate around an existing utility or in close proximity to a tree or a telephone pole. This will require the use of support systems such as shoring, bracing, or underpinning. These supports should be designed to make sure the load will continue to be stable. If undercutting a footer or foundation wall, a designed support system must be in place to ensure the stability of the structure.

## Safe Access and Egress

All workers in a trench 4 ft. (1.2 m) in depth or greater must have a safe method of entering and exiting the trench. This is usually done by a properly secured ladder extending at least 36 in. (91.4 cm) beyond the surface edge of the trench, or a structural ramp. Either method you choose must be installed within 25 ft. (7.6 m) of the worker. This limits how far the worker will have to travel to get out of the trench or excavation. All workers must

que el material sea cortado en forma transversal, asegúrese de instalar un arriostramiento adecuado para evitar daños.

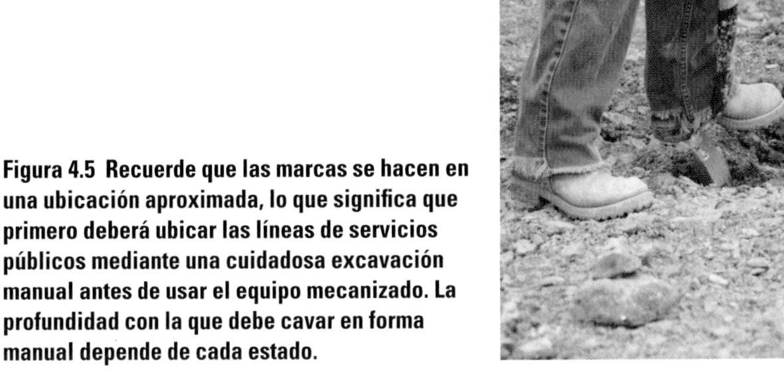

**Figura 4.5 Recuerde que las marcas se hacen en una ubicación aproximada, lo que significa que primero deberá ubicar las líneas de servicios públicos mediante una cuidadosa excavación manual antes de usar el equipo mecanizado. La profundidad con la que debe cavar en forma manual depende de cada estado.**

## Obstrucción de la superficie de apoyo

A medida que se desarrolla el proceso de excavación, en ocasiones será necesario excavar alrededor de un servicio público existente o en un sitio adyacente a un árbol o a un poste de teléfono. Esto requerirá el uso de sistemas de apoyo, como apuntalamiento, arriostramiento o refuerzo de cimientos. Estos sistemas de apoyo deben diseñarse para asegurarse de que la carga continuará estable. En el caso de cortar una extensión de la cimentación o una pared de cimiento, se debe colocar un sistema de apoyo diseñado en el lugar para garantizar la estabilidad de la estructura.

## Seguridad en la entrada y salida

Los obreros que trabajen en una zanja de 4 pies (1,2 m) de profundidad o más deben contar con un método seguro para entrar y salir de la zanja. Esto suele realizarse mediante la colocación de una escalera, de mano sujeta con una extensión mínima de 36 pulgadas (91,4 cm) sobre el borde superficial de la zanja, o una rampa estructural. Cualquiera de los métodos que elija debe ser instalado dentro de los 25 pies (7,6 m) de la posición del trabajador. Esto limita la distancia que deberá recorrer para salir de la zanja o exca-

be trained to use this point of access and not climb the face of the excavation. Remember by standing on the face or edge of the trench, the employee can place a point load on the side of the trench and cause a failure or collapse.

If the method chosen to provide safe access and egress for workers in an excavation is a structural ramp, it must be designed by a competent person. Additional requirements for structural ramps include the following:

- Ramps and runways constructed of two or more structural members must have the members connected together to prevent displacement.
- Structural members used for ramps and runways must be of uniform thickness.
- Cleats or appropriate means used to connect runways' structural members must be attached to the bottom of the runway or attached in a manner to prevent tipping.
- Structural ramps used in lieu of steps must be provided with cleats or other surface treatments to the top surface to prevent slipping.

**Figure 4.6a & b Ladders, stairs, or ramps must be placed within 25 ft. (7.6 m) of workers to exit the trench or excavation that is over 4 ft. (1.2 m) in depth.**

vación. Todos los trabajadores deben recibir capacitación sobre el uso de este punto de acceso y no deben escalar por las paredes de la excavación. Recuerde que al permanecer en la pared o en el borde de la zanja, el empleado podría colocar una sobrecarga en un lado de ella, provocando una falla o derrumbe.

Si el método elegido para brindar a los trabajadores una forma segura de entrar y salir de la excavación es una rampa estructural, ésta debe estar diseñada por una persona competente. Los requisitos adicionales para rampas estructurales incluyen:

- Las rampas y pistas construidas con dos o más piezas estructurales deben tener una pieza conectada entre sí para evitar el desplazamiento.
- Las piezas estructurales utilizadas para rampas y pistas deben tener un espesor uniforme.
- Las bridas u otros medios adecuados utilizados para conectar piezas estructurales de pistas deben sujetarse al fondo de la pista o de forma tal de evitar el ladeo.
- Las rampas estructurales utilizadas en lugar de escalones deben contar con bridas u otros tratamientos en la parte superior de la superficie para evitar resbalones.

**Figura 4.6a y b Las escaleras, escalones o rampas deben colocarse dentro de los 25 pies (7,6 m) de los trabajadores de la salida de una zanja o excavación con más de 4 pies (1,2 m) de profundidad.**

**Figure 4.7 Earthen ramps are an excellent method of providing safe entry and exit in an excavation.**

## Hazardous Atmospheres

Several atmospheric conditions may exist before or during work in excavations. In any excavation over 4 ft. (1.2 m) in depth or where activities such as blasting or other pre-existing conditions are expected, all excavations over 4 ft. (1.2 m) in depth must be tested to ensure that oxygen levels as well as toxic gas levels are safe to work in. Certain operations on a construction site can lead to hazardous atmospheres within a trench, such as exhaust from gas powered equipment like a tamper or hazardous fumes from chemicals in waterproof sealant being applied on basement or foundation walls.

Engineering controls such as ventilation and the use of personal protective equipment may be required in these situations. If a worker enters the trench without first testing for atmospheric hazards, it could be fatal. If there is a chance that a hazardous atmosphere may exist, or there's even a potential for it, you must test for toxic gases and hazardous fumes. Hazardous atmospheres include those with

- less than 19.5% or more than 23.5% oxygen
- combustible gas concentration greater than 20% of the lower flammable limit
- concentration of a hazardous substance that exceeds it permissible exposure limit

**Figura 4.7 Las rampas de tierra son un excelente método de brindar entrada y salida seguras de una excavación.**

## Atmósferas peligrosas

Pueden producirse diversos problemas atmosféricos antes o durante los trabajos de excavación. Todas las excavaciones que superen los 4 pies (1,2 m) de profundidad o aquellas en las que se realizarán actividades tales como voladuras o donde se espera encontrar otros problemas preexistentes, deben ser analizadas para asegurar que los niveles de oxígeno y de gases tóxicos sean seguros para trabajar. Ciertas operaciones en un lugar de construcción pueden generar una atmósfera peligrosa dentro de una zanja, como escapes de gas de maquinaria que funciona a gas como un pisón, o gases peligrosos de productos químicos en el sellador a prueba de agua aplicado sobre las paredes del sótano o los cimientos.

En las siguientes situaciones se podrán requerir controles de ingeniería, por ejemplo de la ventilación y del uso del equipo de protección personal. Si un trabajador entra en la zanja sin antes analizar los peligros atmosféricos, ello podría tener consecuencias fatales. Si existe la posibilidad de que haya una atmósfera peligrosa, o incluso si hay un riesgo potencial de que se produzca eso, se debe analizar el lugar para detectar la presencia de gases tóxicos y peligrosos. Las atmósferas peligrosas incluyen atmósferas con:

- menos del 19,5% de oxígeno o más del 23,5% de oxígeno
- una concentración de gas combustible superior al 20% del menor límite de inflamabilidad
- una concentración de una sustancia peligrosa que supere el límite de exposición permitido

## Emergency Rescue

During trenching and excavation activities, there is a potential to encounter a hazardous atmosphere due to the work being performed in the trench, or from other nearby sources. If the existence of a hazardous atmosphere is present or can be reasonably anticipated to exist, employers must take the following steps to protect the workers in the trench:

- Provide respirator types that are suitable for the exposure, and train the worker(s) in their use and institute a respiratory protection program (This should be the last option)
- Provide attended lifelines when employees enter manholes, deep confined spaces, or other similar hazards.
- Train employees who enter confined spaces.

## Watering/Dewatering Operations

Water accumulation in a trench can present potential cave-in hazards to workers in or around the trench. Unless the necessary precautions have been taken to protect against the hazards posed by water accumulation, workers must never be permitted to work in trenches where water has accumulated or is accumulating. The precautions taken to adequately protect workers may vary depending on the situation. This could include the use of special support or shield systems to protect from cave-ins, water removal to control the level of water accumulation, diverting water away from the excavation, or the use of a safety harness and lifeline.

When water is present in excavations or trenches it is the competent person's duty to oversee the dewatering operation and the proper use of the equipment. The first duty of the person dewatering the excavation is to inspect the equipment to be used. Often electrical pumps are used, and if there is damage to the insulation or the equipment is used improperly it could prove fatal.

If the excavation work interrupts the natural drainage of surface water, proper sloping or diversion should be used around excavations to ensure no water drains into an excavation. Remember water can cause a trench to collapse and should be taken very seriously.

## Rescate de emergencia

Durante las actividades de apertura de zanjas o excavaciones, existe la posibilidad de encontrar una atmósfera peligrosa debido al trabajo realizado en la zanja, o a otras fuentes cercanas. Si se detecta una atmósfera peligrosa o se puede anticipar razonablemente la presencia de una atmósfera peligrosa, los empleadores deben tomar las siguientes medidas para proteger a los trabajadores dentro de la zanja:

- proporcionar a los trabajadores máscaras de oxígeno apropiadas para la exposición, capacitarlos para su uso e implementar un programa de protección respiratoria (esta sería la última opción);
- suministrar a los trabajadores cuerdas de salvamento cuando ingresen a pozos de inspección, espacios cerrados profundos u otros lugares con peligros similares;
- brindar capacitación a los empleados que ingresen a espacios cerrados.

## Operaciones de riego/drenaje

La acumulación de agua en una zanja puede representar un peligro potencial de derrumbe para los que trabajen dentro de la zanja o alrededor de la misma. A menos que se tomen las medidas de precaución necesarias para proteger a los empleados de los peligros de la acumulación de agua, no se deberá permitir que se trabaje en zanjas en las cuales haya acumulación de agua. Las medidas de precaución adoptadas para proteger adecuadamente a los trabajadores pueden variar según la situación. Esto podría incluir el uso de sistemas especiales de apoyo o blindaje contra derrumbes, la remoción de agua para controlar el nivel de acumulación de ésta, la desviación del agua de la excavación o el uso de un arnés de seguridad y una cuerda de salvamento.

Cuando haya agua en las excavaciones o zanjas, la persona competente deberá supervisar las operaciones de drenaje y el uso apropiado del equipo. Lo primero que debe hacer la persona encargada del drenaje es revisar el equipo a ser utilizado. En general se utilizan bombas eléctricas y, en caso de producirse un daño a la aislación o si el equipo se utilizara de manera inadecuada, se podría provocar un accidente fatal.

Si el trabajo de excavación interrumpe el drenaje natural del agua superficial, se debería utilizar un sistema de pendiente o desviación adecuado alrededor de las excavaciones para asegurar que el agua no se filtre en la excavación. Recuerde que el agua puede provocar el derrumbe de una zanja, por lo que debe tomarse como algo serio.

## Fall Hazards

Trenches and excavations over 6 ft. (1.8 m) pose a fall hazard to workers and other traffic on the site. Proper care must be taken to assure safety of those working around such excavations. Keeping the work area posted and a warning line is an example of a safe work practice that is often used in this situation. This is especially a concern when the trench or excavation is not readily visible because of plant growth or other visual barriers. Limiting the time the excavation is open and backfilling as soon as possible are practices that will minimize exposure to fall hazards.

## Exposure to Falling Loads

During trenching and excavation activities employees must be protected from exposure to falling loads or objects falling from lifting or excavating equipment. Procedures must be implemented to protect the worker from such hazards. These procedures include

- prohibiting employees from working under raised loads
- requiring employees to stay clear of equipment that is being loaded or unloaded
- requiring equipment operators or truck drivers to stay in their vehicles during unloading and loading if the equipment has the proper overhead protection in place

## Ramps/Walkways

Trench depths can vary greatly depending on the project, posing serious fall hazards to workers on the jobsite. Whenever possible, the crossing of trenches should be discouraged. However, there are times when trenches must be crossed by workers. When these situations arise, a safe method of crossing trenches, such as a walkway or bridge, must be provided for foot traffic and installed under the following conditions:

- Have a safety factor of 4 or able to support 4 times the intended load.
- Have a minimum clear width of 20 in. (50.8 cm).

## Peligro de caídas

Las zanjas y excavaciones de más de 6 pies (1,8 m) representan un peligro de caída para los trabajadores y el tráfico en el lugar. Deben tomarse los recaudos apropiados para garantizar la seguridad de las personas que trabajen alrededor de dichas excavaciones. Mantener el área señalizada y con una línea de advertencia es un ejemplo de práctica de trabajo seguro que suele utilizarse en esta situación. Esto es una preocupación especialmente cuando la zanja o excavación no es fácilmente visible debido al crecimiento de plantas o a otras barreras visuales. La reducción del tiempo en el cual la excavación permanece abierta y su rápido rellenado son prácticas que minimizarán la exposición a peligros de caída.

## Exposición a la caída de cargas

Durante las actividades de apertura de zanjas y excavaciones, los empleados deben estar protegidos contra la exposición a la caída de cargas u objetos de equipos de elevación o excavación. Se deben implementar procedimientos para proteger al trabajador de dichos peligros. Estos procedimientos incluyen:

- prohibir a los empleados que trabajen debajo de cargas elevadas
- solicitarles que permanezcan alejados del equipo que está realizando operaciones de carga o descarga
- solicitar a los operadores del equipo o conductores de camión que permanezcan en sus vehículos durante las operaciones de carga y descarga si el equipo tiene la protección de sobrecarga adecuada en el lugar

## Rampas/pasillos

La profundidad de la zanja puede variar según el proyecto, representando un serio peligro de caída para los trabajadores en el sitio. Cuando sea posible, se debe evitar que las personas pasen por las zanjas. Sin embargo, en ciertas ocasiones los trabajadores deben pasar por ellas. En esos casos, se debe proporcionar un método seguro para cruzarlas para el tráfico a pie, como un pasillo o puente, que deberá instalarse en las siguientes condiciones:

- debe tener un factor de seguridad de 4 o ser capaz de soportar 4 veces el peso de la carga pretendida.
- debe tener un ancho mínimo de 20 pulgadas (50,8 cm).

- Be fitted with standard guardrails for trenches 6 ft. (1.8 m) or greater in depth.
- Extend at least 24 in. (61 cm) beyond the surface edge of the trench.

## Mobile Equipment

Serious injury, or even death, can result from workers coming into contact with mobile equipment on a jobsite. Employers should develop procedures to protect their employees from being struck by the equipment that include

- daily inspections of the equipment
- installing barricades when necessary
- using required hand or mechanical signals
- installing stop logs where there is potential for the equipment to fall into the trench
- requiring audible alerts or alarms when the equipment is backing up

**Figure 4.8 Ensure the operator of any mobile equipment is aware of the location of workers in the area. Additionally, workers should be properly positioned to prevent from being struck by equipment or materials.**

Additionally, it is critical to the safety and health of all employees that a safe distance be maintained between the motorized equipment and vehicles and the overhead power lines. Unless power lines are deenergized or guarded in some manner (ask the utility/power company for help), the operator must maintain a minimum 10 ft. (3 m) distance between the equipment and the power line. Distance requirements increase as the voltage increases. An observer should be used if there is a chance that the equipment operator cannot accurately judge the distance between the equipment and the overhead power lines.

- debe contar con barandillas estándar para zanjas de 6 pies (1,8 m) o más de profundidad.
- debe tener una extensión mínima de 24 pulgadas (61 cm) sobre la superficie del borde de la zanja.

## Equipos móviles

El contacto de los trabajadores con equipos móviles en el sitio puede provocar lesiones graves, o incluso la muerte. Los empleadores deben desarrollar procedimientos para proteger a sus empleados de quedar atascados por un equipo. Estos procedimientos incluyen

- inspecciones diarias del equipo
- la instalación de barricadas cuando sea necesario
- el uso de señales de mano o mecánicas requeridas
- la instalación de registros de detención cuando exista la posibilidad de que el equipo se caiga dentro de la zanja
- el requisito de usar alertas sonoras o alarmas cuando el equipo esté retrocediendo

**Figura 4.8 Asegúrese de que el operador de un equipo móvil conozca la ubicación de los trabajadores en el área. Además, éstos deben estar en una posición adecuada para evitar que queden atascados en un equipo o en los materiales.**

Asimismo, es fundamental para la seguridad y la salud de todos los empleados que se mantenga una distancia segura entre el equipo motorizado/vehículos y los cables aéreos de electricidad. A menos que los cables estén inactivos o guardados de alguna forma (consulte con la empresa del servicio público/electricidad para obtener más información), el operador debe mantener una distancia mínima de 10 pies (3 m) entre el equipo y los cables de electricidad. Los requisitos de distancia son mayores a medida que aumenta el voltaje. Se debe usar un observador en el caso de que exista la posibilidad de que el operador del equipo no calcule adecuadamente la distancia entre el equipo y los cables aéreos de electricidad.

**Figure 4.9 Remember to keep at least a 10-ft (3-m) distance from all energized overhead power lines If the voltage is over 50 kV, then even greater distances must be maintained Use a spotter if the equipment operator cannot gauge the distance to the power lines by himself.**

## Site Inspections

Inspections of trenches and excavations, and the adjacent areas, looking for conditions that could result in possible cave-ins must be conducted daily by the competent person. The inspections must focus on indications of failure of protective systems, hazardous atmospheres, and other hazardous conditions. In addition to the beginning of any work, the inspections must also be conducted as needed throughout the shift. If during the inspections the competent person finds any condition that could result in a cave-in, all workers exposed to the hazardous area must be removed until the necessary steps have been taken to ensure their safety. By performing proper inspections, injuries resulting from trench failure can be prevented. The following guide specifies the frequency and conditions requiring inspections:

- daily and before the start of each shift
- as dictated by the work being done in the trench
- after every rainstorm
- after other events that could increase hazards (e.g., snowstorm, windstorm, thaw, earthquake)
- when fissures, tension cracks, sloughing, undercutting, water seepage, bulging at the bottom, or other similar conditions occur
- when there is a change in size, location, or placement of the spoil pile
- when there is any indication of change or movement in adjacent structures

**Figura 4.9 Recuerde mantener una distancia mínima de 10 pies (3 m) de todos los cables aéreos de electricidad activos. Si el voltaje es superior a 50 kV, se deben mantener incluso distancias mayores. Utilice un ayudante si el operador del equipo no puede medir la distancia de los cables de electricidad por sí mismo.**

## Inspección del lugar

La persona competente debe realizar inspecciones diarias de las zanjas y excavaciones, y de las áreas adyacentes, para detectar condiciones que podrían provocar derrumbes. Las inspecciones deben centrarse en las señales de falla de los sistemas de protección, las atmósferas peligrosas y otras condiciones de riesgo. Además de las que se realizan antes de comenzar un trabajo, se deberán hacer inspecciones cuando sea necesario durante el trabajo de excavación. Si durante las inspecciones la persona competente detecta una condición que podría provocar un derrumbe, todos los trabajadores expuestos al área peligrosa deben retirarse hasta que se tomen medidas adecuadas para garantizar la seguridad. La realización de inspecciones adecuadas puede prevenir las lesiones causadas por una falla en la zanja. La siguiente guía indica la frecuencia y las condiciones que requieren una inspección:

- diariamente y antes del comienzo de cada turno
- según las características del trabajo a ser realizado en la zanja
- después de cada tormenta
- después de otros eventos que podrían agravar los peligros (por ej., tormenta de nieve, tormenta de viento, deshielo, terremoto)
- cuando se producen fisuras, grietas de tensión, desprendimientos, cortes, filtración de agua, hundimiento en el fondo u otras condiciones similares
- cuando hay un cambio de tamaño, ubicación o disposición de la pila de escombros
- cuando hay indicaciones de un cambio o movimiento en las estructuras adyacentes

# Soil Classification and Testing Procedures for Visual and Manual Analysis

## Visual Tests

Visual tests are performed as the soil is being excavated. The competent person is looking to see how well the soil stays together, see if the soil clumps as it is dug or breaks up with ease. The competent person will watch sides of the excavation to see how easy the soil caves in, look for freely seeping water, and look for any sign that the soil has been previously disturbed. During this process the competent person may look at soil grain or particle size. This will help determine if the soil is cohesive. The competent person should also be aware of sources of vibration and sources of surface water.

Visual tests are conducted to determine the qualitative information regarding the excavation site in general. This includes the soil adjacent to the excavation, the soil forming the sides of the excavation, and the soil taken as samples from excavated material. While conducting the visual test, the competent person must perform the following:

- Observe samples of soil that are excavated and soil in the sides of the excavation, estimating the range of particle sizes and the relative amounts of the particle sizes. Soil that is primarily composed of fine-grained material is cohesive material. Soil composed of coarse-grained sand or gravel is granular.
- Observe soil that is excavated. Soil that remains in clumps when excavated is cohesive. Soil that breaks up easily and does not stay in clumps is granular.
- Observe the sides of the opened excavation and the surface area adjacent to the excavation. Crack-like openings such as tension cracks could indicate fissured material. If chunks of soil spall chip off a vertical side, the soil could be fissured. Small spall chips are evidence of moving ground and are indications of potentially hazardous situations.

# Clasificación del suelo y procedimientos para análisis visuales y manuales

## Análisis visuales

Los análisis visuales se realizan a medida que se excava el suelo. La persona competente observa para verificar si el suelo permanece compacto, si se pega a medida que se excava o si se quiebra con facilidad. Observará las paredes de la excavación para verificar la facilidad con la que se cava el suelo, para buscar filtraciones de agua y cualquier señal de que el suelo ha sido previamente removido. Durante este proceso, la persona competente puede observar también el tamaño de los granos o partículas de suelo. Esto ayudará a determinar si es cohesivo. También debe tener en cuenta las fuentes de vibración y las fuentes de agua superficial.

Deben realizarse análisis visuales para determinar la información de calidad relacionada con el lugar de excavación en general. Esto incluye el suelo adyacente a la excavación, el que forma las paredes de la excavación y el tomado como muestra del material excavado. Mientras realice el análisis visual, la persona competente debe hacer lo siguiente:

- Observar muestras del suelo que se está excavando y del de las paredes de la excavación, evaluando el rango de tamaño de las partículas y las cantidades relativa de cada tamaño. El suelo que está compuesto mayoritariamente de material de grano fino es un suelo de material cohesivo. El suelo compuesto por arena o gravilla de grano grueso es un suelo granular.
- Observar el suelo que está siendo excavado. El que permanece compacto cuando se lo excava es cohesivo. El que se quiebra con facilidad y no permanece compacto es un suelo granular.
- Observar las paredes de la excavación abierta y el área de la superficie adyacente a la excavación. Las aberturas en forma de grieta, como grietas de tensión, pueden indicar fisuras en el material. Si se desprenden fragmentos de tierra de una pared vertical, el suelo se podría fisurar. Los fragmentos de tierra son una señal de movimientos del suelo y un indicador de situaciones potencialmente peligrosas.

- Observe the area adjacent to the excavation and the excavation itself for evidence of existing utility and other underground structures, and to identify previously disturbed soil.
- Observe the opened side of the excavation to identify layered systems. Examine layered systems to identify if the layers slope toward the excavation, estimating the degree of slope of the layers.
- Observe the area adjacent to the excavation and the sides of the opened excavation for evidence of surface water, water seeping from the sides of the excavation, or the level of the water table.
- Observe the area adjacent to the excavation and the area within the excavation for sources of vibration that may affect the stability of the excavation face.

## Manual Tests

Manual tests of soil samples are conducted to determine quantitative as well as qualitative properties of soil and to provide more information to classify soil properly. There are various methods used to manually test soil. The following presents guidelines for conducting the various tests.

### Plasticity or thread test

Mold a moist or wet sample of soil into a ball and attempt to roll it into threads as thin as 1/8 in. (3.2 mm) in diameter. Cohesive material can be successfully rolled into threads without crumbling. For example, if at least a 2-in. (5.08 cm) length of 1/8-in. (3.2-mm) thread can be held on one end without tearing, the soil is cohesive.

**Figure A.1 Plasticity/Thread Test.**

- Observar el área adyacente a la excavación y la excavación misma para detectar los servicios públicos existentes y otras estructuras subterráneas y para identificar suelo previamente removido.
- Observar las paredes de la excavación abierta para identificar sistemas estratificados. Examinar los sistemas estratificados para identificar si los estratos tienen una pendiente hacia la excavación y calcular su grado de pendiente.
- Observar el área adyacente a la excavación y las paredes de la excavación abierta para detectar evidencias de agua superficial, filtración de agua de las paredes de la excavación o el nivel freático.
- Observar el área adyacente a la excavación y el área de excavación para detectar fuentes de vibración que puedan afectar la estabilidad de las paredes.

## Análisis manuales

Los análisis manuales de muestras de suelo se realizan para determinar las propiedades cuantitativas y cualitativas del suelo y para obtener más información para clasificarlo adecuadamente. Se utilizan varios métodos para realizar análisis manuales del suelo. A continuación se proporcionan pautas para la realización de diversos análisis.

### Análisis de plasticidad o hilo

Moldee una muestra de suelo húmedo o mojado en forma de bola e intente hacerla rodar entre las manos en "hilos" de 1/8 pulgada (3,2 mm) de diámetro. El material cohesivo puede rodar con facilidad y pueden formarse hilos sin que se desarmen. Por ejemplo, si pueden sujetarse de un extremo sin fragmentarse al menos 2 pulgadas (5,08 cm) de un hilo de 1/8 pulgadas (3,2 mm) de largo , el suelo es cohesivo.

**Figura A.1 Análisis de plasticidad/ hilo.**

## Dry strength test

If the soil is dry and crumbles on its own or with moderate pressure into individual grains or fine powder, it's granular (any combination of gravel, sand, or silt). If the soil is dry and falls into clumps that break up into smaller clumps, but the smaller clumps can only be broken up with difficulty, it may be clay in any combination with gravel, sand, or silt. If the dry soil breaks into clumps that do not break into smaller clumps and can only be broken with difficulty, and there is no visual indication the soil is fissured, the soil may be considered unfissured.

## Thumb penetration test

This test can be used to estimate the unconfined compressive strength of cohesive soils. The test is based on the thumb penetrating test described in American Society for Testing and Materials Standard designation D2488, "Standard Recommended Practice for Description of Soils."

- Type A soil can be readily indented by the thumb; however it can be penetrated by the thumb only with great effort.
- Type C soil can be easily penetrated several inches by the thumb and can be molded by light finger pressure.
- The test should be performed on an undisturbed sample such as a clump in the spoil pile. It should be done as soon as possible to keep minimum drying effect. The tests must be performed again after a change such as rain or flooding.

**Figure A.2 Thumb penetration test.**

## Análisis de resistencia en seco

Si el suelo es seco y se quiebra solo o con una presión moderada en granos individuales o polvo fino, es granular (combinación de gravilla, arena o cieno). Si el suelo es seco y se divide en fragmentos que se quiebran en unidades más pequeñas, pero los fragmentos más pequeños sólo pueden quebrarse con dificultad, puede tratarse de arcilla en combinación con gravilla, arena o cieno. Si el suelo seco se divide en fragmentos que no se quiebran en partes más pequeñas, sólo pueden quebrarse con dificultad, y no hay ninguna señal visual de que el suelo esté fisurado, se lo puede considerar sin fisuras.

## Análisis de penetración de pulgar

Este análisis puede utilizarse para calcular la resistencia a la compresión no confinada de los suelos cohesivos. Se basa en el análisis de penetración de pulgar descripto en la norma D2488 de la Sociedad Americana de Prueba de Materiales, "Práctica estándar recomendada para la descripción de suelos".

- El suelo tipo A puede ser fácilmente marcado con el pulgar; sin embargo, sólo puede ser penetrado de esta forma con gran esfuerzo.
- El suelo tipo C puede ser fácilmente penetrado varias pulgadas por el pulgar y puede ser moldeado por una leve presión del dedo.
- El análisis debe realizarse en una muestra no removida de tierra, como un fragmento en una pila de escombros. Debe realizarse lo antes posible para minimizar el efecto de secado. Los análisis deben realizarse nuevamente luego de un cambio de condiciones, como una lluvia o inundación.

**Figura A.2 Análisis de penetración de pulgar.**

### Drying test

The basic purpose of the drying test is to differentiate among cohesive material with fissures, unfissured cohesive material, and granular material. The procedure for the drying test involves drying a sample of soil that is approximately 1 in. thick (2.54 cm) and 6 in. (15.24 cm) in diameter until it is thoroughly dry.

- If the sample develops cracks as it dries, significant fissures are indicated.
- Samples that dry without cracking are to be broken by hand. If considerable force is necessary to break a sample, the soil has significant cohesive material content. The soil can be classified as an unfissured cohesive material and the unconfined compressive strength should be determined.
- If a sample breaks easily by hand, it is either a fissured cohesive material or a granular material. To distinguish between the two, pulverize the dried clumps of the sample by hand or by stepping on them. If the clumps do not pulverize easily, the material is cohesive with fissures. If they pulverize easily into very small fragments, the material is granular.

## Other Strength Tests

Estimates of unconfined compressive strength of soils can be obtained also from using a pocket penetrometer or hand-operated shearvane. These handheld devices provide a much closer estimate of the soil's strength. When using either of the devices, you must follow the manufacturer instructions and use the equipment accordingly to obtain an accurate reading.

### Pocket penetrometers

Direct-reading, spring-operated instruments that are used to determine the unconfined compressive strength of saturated cohesive soils. Once pushed into the soil, an indicator sleeve displays the reading. The instrument is calibrated in either tons per square foot (tsf) or kilograms per square centimeter ($kg/cm^2$). However, these instruments have error rates of ± 20%–40%, which will need to be taken into consideration (fig. A.3).

## Análisis de secado

El objetivo fundamental de este análisis de secado es diferenciar el material cohesivo con fisuras, el material cohesivo sin fisuras y el material granular. El procedimiento del análisis de secado se compone de una muestra de suelo de aproximadamente 1 pulgada de grosor (2,54 cm) y 6 pulgadas (15,24 cm) de diámetro que se deja secar por completo.

- Si la muestra desarrolla grietas al secarse, aparecerán grandes fisuras.
- Las muestras que se secan sin grietas deben quebrarse con las manos. Si se necesita aplicar mucha fuerza para quebrar una muestra, significa que el suelo tiene un gran contenido de material cohesivo. El suelo puede ser clasificado como material cohesivo sin fisuras y se debe determinar la resistencia a la compresión no confinada.
- Si una muestra se quiebra fácilmente con las manos, se trata de un material cohesivo fisurado o de un material granular. Para distinguir entre los dos tipos de suelo, rompa los fragmentos secos de la muestra con las manos o con los pies. Si los fragmentos no se rompen con facilidad, el material es cohesivo con fisuras. Si se rompen con facilidad en fragmentos muy pequeños, el material es granular.

## Otros análisis de fuerza

También se pueden obtener cálculos de la resistencia a la compresión no confinada de suelos mediante el uso de un penetrómetro portátil o de una veleta manual. Estos dispositivos manuales proporcionan un cálculo más cercano de la resistencia de los suelos. Cuando utilice alguno de ellos, debe seguir las instrucciones del fabricante y usar el equipo del modo adecuado para obtener una lectura precisa.

### Penetrómetros portátiles

Los instrumentos a presión de lectura directa se utilizan para determinar la resistencia a la compresión no confinada de los suelos cohesivos saturados. Una vez que se los inserta en el suelo, una manga indicadora muestra la lectura. El instrumento se calibra en toneladas por pie cuadrado (tpc) o en kilogramos por centímetro cuadrado ($kg/cm^2$). Sin embargo, se debe tener en cuenta que estos instrumentos tienen una tasa de error de ± 20%–40% (fig. A.3).

**Figure A.3 Pocket penetrometer test.**

## Shearvanes (Torvane)

This test determines the unconfined compressive strength of the soil by pressing the blades of the vane into a level section of undisturbed soil. This is followed by turning the torsion knob slowly until soil failure occurs. The direct instrument reading must then be multiplied by two to provide results in tons per square foot (tsf) or kilograms per square meter ($kg/m^2$).

**Figure A.4 Shearvane (torvane) test.**

**Figura A.3 Análisis de penetrómetro portátil**

## Veletas manuales (veleta de torsión)

Este análisis determina la resistencia a la compresión no confinada del suelo mediante la presión de las palas de la veleta en un nivel de suelo no removido. Luego de esto, se gira lentamente la perilla de torsión hasta que se produzca una falla en el suelo. La lectura directa del instrumento debe multiplicarse por dos para obtener el resultado en toneladas por pie cuadrado (tpc) o en kilogramos por metro cuadrado (kg/m$^2$).

**Figura A.4 Análisis de veleta manual (veleta de torsión)**

# Sample Daily Excavation Inspection Checklist

Site name/location: ____________________

Date: ____________________ Time: ____________

Name of competent person (completing inspection):

____________________

Weather conditions:

____________________

Soil type: Solid Rock Type A Type B Type C

Which soil testing method used: ____________________

Site conditions:

____ Is the trench exposed to vehicular traffic?
____ Is the trench exposed to vibration?
____ Is there an imposed load around the face of the excavation?
____ Is the trench/excavation over 5 ft. (1.5 m) deep?
____ Is the trench/excavation 20 ft. (6.1 m) or deeper?
____ Is fall protection in place?
____ Are spoil piles at least 2 ft. (61 cm) from the lip of the trench?
____ Are there any surface encumbrances?
____ Have utilities been located/marked?

Excavation:

____ Is there any water accumulated in the trench?
____ Is there any freely seeping water?
____ Are there any potential signs of failure (e.g., bulging, heaving, tension cracks, fissures)?

# Lista de control tipo para inspección diaria de las excavaciones

Nombre/ubicación del lugar: ______________________________

Fecha:______________________ Hora: ________________

Nombre de la persona competente (que realizó la inspección):

______________________________________________

Condiciones del tiempo:

______________________________________________

Tipo de suelo: roca estable tipo A tipo B tipo C

Método utilizado para analizar el suelo: ____________________

Condiciones del lugar:

____ ¿La zanja está expuesta a tráfico vehicular?
____ ¿La zanja está expuesta a vibraciones?
____ ¿Hay alguna carga colocada cerca de la pared de la excavación?
____ ¿La zanja/excavación tiene una profundidad superior a los 5 pies (1,5 m)?
____ ¿La zanja/excavación tiene una profundidad de 20 pies (6,1 m) o más?
____ ¿Hay una protección contra caídas en el lugar?
____ ¿Las pilas de escombros están por lo menos a 2 pies (61 cm) del borde de la excavación?
____ ¿Hay alguna obstrucción en la superficie?
____ ¿Los servicios públicos han sido localizados/marcados?

Excavación:

____ ¿Hay agua acumulada en la zanja?
____ ¿Hay alguna filtración de agua?

____ What type of access/egress is being used?

______________________________________________

____ Is the egress within 25 ft. (7.6 m) from workers?
____ What type of protection is being used?
____ If using shoring, are tabulated data sheets on site?
____ Was atmospheric testing done to trenches/excavations deeper than 4 ft. (1.2 m) to ensure safe atmosphere?
____ Are employees and material kept at least 2 ft. (61 cm) from the edge of the trench?
____ Are materials kept from being lifted or swung over employees' heads?
____ Are all employees trained in trenching and excavation standards that are working in or around the trench?
____ Has there been any sudden change in conditions (e.g., rain, freeze/thaw, vibrations started to change the classification of soil)?

_____ ¿Hay alguna señal de falla potencial (por ej., hundimiento, levantamiento, grietas de tensión, fisuras)?

_____ ¿Qué tipo de entrada/salida se está utilizando?

_____________________________________________

_____ ¿La salida está dentro de los 25 pies (7,6 m) de distancia de los trabajadores?

_____ ¿Qué tipo de protección se está utilizando?

_____ Si se utiliza apuntalamiento, ¿las hojas de información tabulada están en el lugar?

_____ ¿Se realizaron análisis atmosféricos en las zanjas/excavaciones de más de 4 pies (1,2 m) de profundidad para garantizar una atmósfera segura?

_____ ¿Los empleados y el material están a una distancia mínima de 2 pies (61 cm) del borde de la excavación?

_____ ¿Se evita el levantamiento o la oscilación de materiales sobre la cabeza de los empleados?

_____ ¿Todos los empleados que trabajan en la zanja o alrededor de la misma tienen conocimiento de las normas para zanjas y
excavaciones?

_____ ¿Hubo algún cambio repentino en las condiciones (por ej., lluvia, helada/ deshielo, vibraciones) que comenzó a modificar la clasificación del suelo?

# Glossary

**accepted engineering practices.** Those requirements that are compatible with standards of practice required by a registered professional engineer.

**aluminum hydraulic shoring.** A pre-engineered shoring system comprised of aluminum hydraulic cylinders (crossbraces) used in conjunction with vertical rails (uprights) or horizontal rails (wales). Such system is designed specifically to support the sidewalls of an excavation and prevent cave-ins.

**bell-bottom pier hole.** A type of shaft or footing excavation, the bottom of which is made larger than the cross section above to form a belled shape.

**benching (benching system).** A method of protecting employees from cave-ins by excavating the sides of an excavation to form one or a series of horizontal levels or steps, usually with vertical or near-vertical surfaces between levels.

**cave-in.** The separation of a mass of soil or rock material from the side of an excavation, or the loss of soil from under a trench shield or support system, and its sudden movement into the excavation, either by falling or sliding, in sufficient quantity so that it could entrap, bury, or other wise injure and immobilize a person.

**competent person.** One who is capable of identifying existing and predictable hazards in the surroundings, or working conditions that are unsanitary, hazardous, or dangerous to employees, and who has authorization to take prompt corrective measures to eliminate them.

**cross braces.** The horizontal members of a shoring system installed perpendicular to the sides of the excavation, the ends of which bear against either uprights or wales.

**excavation.** Any man-made cut, cavity, trench, or depression in an earth surface formed by earth removal.

**faces (sides).** The vertical or inclined earth surfaces formed as a result of excavation work.

# Glosario

**prácticas de ingeniería aceptadas.** aquellos requisitos que son compatibles con las normas profesionales exigidas por un ingeniero profesional matriculado.

**apuntalamiento hidráulico de aluminio.** sistema de apuntalamiento prediseñado que se compone de cilindros hidráulicos de aluminio (crucetas) utilizados en conjunto con rieles verticales (postes) o rieles horizontales (vigas). Este sistema se diseña específicamente para brindar soporte a las paredes laterales de una excavación y para prevenir derrumbes.

**hueco de hormigón en forma de campana.** tipo de excavación de eje o base, en el cual el fondo es más ancho que la sección transversal superior, formando una campana.

**bancos (sistema de bancos).** método para proteger a los empleados de derrumbes, excavando las paredes de una excavación para formar uno o más niveles o escalones horizontales, generalmente con superficies verticales o semiverticales entre los niveles.

**derrumbe.** separación de una masa de suelo o rocas de la pared de una excavación, o pérdida de suelo en la parte inferior de una zanja o sistema de apoyo, y su movimiento repentino dentro de la excavación, por caída o deslizamiento, una cantidad suficiente como para atrapar, enterrar o lesionar de algún otro modo e inmovilizar a una persona.

**persona competente.** una persona que es capaz de identificar peligros existentes y previsibles en los alrededores, o condiciones de trabajo insalubres, peligrosas o riesgosas para los empleados, y que tiene autoridad para tomar medidas correctivas inmediatas con el fin de eliminar dichas condiciones.

**crucetas.** piezas horizontales de un sistema de apuntalamiento instaladas en forma perpendicular a las paredes de la excavación, cuyos extremos soportan la presión de los postes o vigas.

**excavación.** corte, cavidad, zanja o depresión realizada por el hombre en una superficie terrestre formada por la remoción de tierra.

**paredes (lados).** superficies terrestres verticales o inclinadas que se forman como resultado de un trabajo de excavación.

**failure.** The breakage, displacement, or permanent deformation of a structural member or connection so as to reduce its structural integrity and its supportive capabilities.

**hazardous atmosphere.** An atmosphere that by reason of being explosive, flammable, poisonous, corrosive, oxidizing, irritating, oxygen deficient, toxic, or otherwise harmful may cause death, illness, or injury.

**kickout.** The accidental release or failure of a cross brace.

**protective system.** A method of protecting employees from cave-ins from material that could fall or roll from an excavation face or into an excavation, or from the collapse of adjacent structures. Protective systems include support systems, sloping and benching systems, shield systems, and other systems that provide the necessary protection.

**ramp.** An inclined walking or working surface that is used to gain access to one point from another and is constructed from earth or from structural materials such as steel or wood.

**registered professional engineer.** A person who is registered as a professional engineer in the state where the work is to be performed. However, a professional engineer, registered in any state is deemed to be a "registered professional engineer" within the meaning of this standard when approving designs for "manufactured protective systems" or "tabulated data" to be used in interstate commerce.

**sheeting.** The members of a shoring system that retain the earth in position and in turn are supported by other members of the shoring system.

**shield (shield system).** A structure that is able to withstand the forces imposed on it by a cave-in and thereby protect employees within the structure. Shields can be permanent structures or can be designed to be portable and moved along as work progresses. Additionally, shields can be either premanufactured or job-built in accordance with 1926.652(c)(3) or (c)(4). Shields used in trenches are usually referred to as "trench boxes" or "trench shields."

**shoring (shoring system).** A structure such as a metal hydraulic, mechanical, or timber shoring system that supports the sides of an excavation and is designed to prevent cave-ins.

**sides.** See faces.

**sloping (sloping system).** A method of protecting employees from cave-ins by excavating to form sides of an excavation that are inclined away from the excavation so as to prevent cave-ins. The angle of incline required to prevent a cave-in varies with differences in such factors as the soil type, environmental conditions of exposure, and application of surcharge loads.

**falla.** ruptura, desplazamiento o deformación permanente de una pieza o conexión de una estructura que reduce su integridad estructural y su capacidad de apoyo.

**atmósfera peligrosa.** atmósfera que, por ser explosiva, inflamable, venenosa, corrosiva, oxidante, irritante, con poco oxígeno, tóxica o dañina por algún otro motivo podría provocar la muerte, enfermedades o lesiones.

**patada.** caída o falla accidental de una cruceta.

**sistema de protección.** método para proteger a los empleados de derrumbes provocados por caída o rodamiento de material de una pared de la excavación o dentro de ella, o por el desmoronamiento de las estructuras adyacentes. Los sistemas de protección incluyen sistemas de apoyo, de apuntalamiento y bancos, de blindaje y otros sistemas que brindan la protección necesaria.

**rampa.** superficie inclinada para caminar o trabajar que se utiliza para acceder de un lugar a otro y que se construye a base de tierra u otros materiales estructurales, como acero o madera.

**ingeniero profesional matriculado.** persona matriculada como ingeniero profesional en el estado en donde se realizará el trabajo. Sin embargo, un ingeniero profesional, matriculado en cualquier estado, es considerado un "ingeniero profesional matriculado" a los fines de esta norma cuando apruebe los diseños de los "sistemas de protección fabricados" o la "información tabulada" que será utilizada en el comercio interestatal.

**encofrado.** piezas de un sistema de apuntalamiento que mantienen a la tierra en posición y a su vez son soportadas por otras piezas del sistema.

**blindaje (sistema de blindaje).** estructura que puede soportar la presión provocada por un derrumbe, protegiendo de ese modo a los empleados dentro de la estructura. Los blindajes pueden ser estructuras permanentes o pueden ser diseñadas para ser portátiles y poder ser trasladadas a medida que avanza el trabajo. Además, pueden ser prefabricados o construidos a medida, de conformidad con el artículo 1926.652, incisos (c)(3) o (c)(4). Los blindajes que se utilizan en zanjas suelen ser denominados "cajas de trinchera" o "blindajes de trinchera".

**apuntalamiento (sistema de apuntalamiento).** estructura de apuntalamiento metálica, hidráulica, mecánica o de madera utilizada para soportar las paredes de una excavación y diseñada para prevenir derrumbes.

**lados.** ver paredes.

**pendiente (sistema de pendiente).** método para proteger a los empleados de derrumbes mediante la excavación de las paredes en forma inclinada para prevenirlos. El ángulo de inclinación requerido para prevenir derrumbes varía según la diferencia en factores tales como el tipo de suelo, las condiciones ambientales de exposición y la aplicación de sobrecargas.

**stable rock.** Natural solid mineral material that can be excavated with vertical sides and will remain intact while exposed. Unstable rock is considered to be stable when the rock material on the side or sides of the excavation is secured against caving in or movement by rock bolts or by another protective system that has been designed by a registered professional engineer.

**structural ramp.** A ramp built of steel or wood, usually used for vehicle access. Ramps made of soil or rock are not considered structural ramps.

**support system.** A structure such as underpinning, bracing, or shoring, which provides support to an adjacent structure, underground installation, or the sides of an excavation.

**tabulated data.** Tables and charts approved by a registered professional engineer and used to design and construct a protective system.

**trench (trench excavation).** A narrow excavation (in relation to its length) made below the surface of the ground. In general, the depth is greater than the width, but the width of a trench (measured at the bottom) is not greater than 15 ft. (4.6 m). If forms or other structures are installed or constructed in an excavation so as to reduce the dimension measured from the forms or structure to the side of the excavation to 15 ft. (4.6 m) or less (measured at the bottom of the excavation), the excavation is also considered to be a trench.

**trench box.** See shield.

**trench shield.** See shield.

**uprights.** The vertical members of a trench shoring system placed in contact with the earth and usually positioned so that individual members do not contact each other. Uprights placed so that individual members are closely spaced, in contact with, or interconnected to each other, are often called "sheeting."

**wales.** Horizontal members of a shoring system placed parallel to the excavation face whose sides bear against the vertical members of the shoring system or earth.

**roca estable.** mineral sólido natural que puede ser excavado en forma vertical y permanecer intacto a la exposición. La roca inestable es considerada estable cuando el material rocoso en la pared o paredes de la excavación está aferrado para prevenir un derrumbe o movimientos de los pernos de anclaje o por otro sistema de protección diseñado por un ingeniero profesional matriculado.

**rampa estructural.** rampa hecha de acero o madera, habitualmente utilizada para el ingreso de vehículos. Las de suelo o roca no son consideradas rampas estructurales.

**sistema de apoyo.** estructura tal como refuerzo de cimientos, arriostramiento o apuntalamiento, que brinda apoyo a una estructura adyacente, una instalación subterránea o a las paredes de una excavación.

**información tabulada.** tablas y cuadros aprobados por un ingeniero profesional matriculado que se utilizan para diseñar y construir un sistema de protección.

**zanja (excavación de zanja).** excavación angosta (en relación a su longitud) realizada debajo de la superficie terrestre. En general, una zanja tiene más profundidad que ancho, y el ancho (medido en la parte inferior) no suele superar los 15 pies (4,6 m). Si se instalan o construyen otras formas o estructuras en una excavación de modo tal que reducen la dimensión de las formas o la estructura de la pared de la excavación a 15 pies (4,6 m) o menos (medida en la parte inferior de la excavación), la excavación será considerada una zanja.

**caja de trinchera.** ver blindaje.

**blindaje de trinchera.** ver blindaje.

**postes.** piezas verticales de un sistema de apuntalamiento de una zanja que se colocan en contacto con la tierra y suelen estar posicionados de forma tal que las piezas individuales entren en contacto entre sí. Los postes colocados para que las piezas individuales queden con poco espacio entre sí, en contacto o interconectadas entre sí suelen ser denominados "encofrado".

**vigas.** piezas horizontales de un sistema de apuntalamiento colocadas en forma paralela a la pared de la excavación, cuyos lados soportan la presión de las piezas verticales del sistema de apuntalamiento o la tierra.